农村青年职业技能学习丛书

ONGCUN QINGNIAN ZHIYE JINENG XUEXI CONGSHU

新编 数控加工实用技术

（下）

主　编：汪金营

湖南科学技术出版社

图书在版编目(CIP)数据

新编数控加工实用技术/汪金营主编. ——长沙：湖南科学技术出版社，2010.10

(农村青年职业技能学习丛书)

ISBN 978-7-5357-6453-9

Ⅰ.①新… Ⅱ.①汪… Ⅲ.①数控机床—加工—青年读物 Ⅳ.①TG659-49

中国版本图书馆 CIP 数据核字(2010)第 190701 号

农村青年职业技能学习丛书

新编数控加工实用技术(下)

主　　编：汪金营

责任编辑：赵　龙　杨　林

出版发行：湖南科学技术出版社

社　　址：长沙市湘雅路 276 号

http://www.hnstp.com

邮购联系：本社直销科　0731-84375808

印　　刷：唐山新苑印务有限公司

(印装质量问题请直接与本厂联系)

厂　　址：河北省玉田县亮甲店镇杨五侯庄村东 102 国道北侧

邮　　编：064101

出版日期：2017 年 10 月第 1 版第 2 次

开　　本：850mm×1168mm　1/32

印　　张：6.75

书　　号：ISBN 978-7-5357-6453-9

定　　价：47.00 元(共两册)

前　言

建设社会主义新农村是农业生产发展的需要。我国土地资源稀缺，人均可耕地面积仅占世界平均水平的2/5，同时人口众多，而且还将继续增加，人地关系将长期处于紧张状态。在这种形势下，提高农业生产效率，保障国家粮食安全，满足全体人民食物需求，将主要依靠农业科技进步。

高素质的农民接受新技术的能力强，对新技术的反应敏捷，是加快技术扩散速度和范围，对农业的贡献更大提高的重要关键。另外，高素质农民将形成对农业新技术要素的持续旺盛需求，刺激和推进农业新技术的研究和发明，扩大供给，从而保证农业生产的长期持续发展。

事实上，我国新农村建设还面临着农业产业结构调整和农村产业结构（发展第二、第三产业）调整的艰巨任务，产业结构调整意味着就业结构和职业结构的改变，这种改变对劳动力的技术水平要求更高。唯有较高素质的农民才能学习新技术掌握新技能，也才能根据市场变化适时主动地调整产业产品结构。

青年农民是农业生产力中最活跃、最具创造力的因素，而对农民进行培训，最主要的途径是：(1) 学校正规教育；(2) 职业技能培训。有计划地对即将变为城市人口的农民进行培训，为农民身份的改变创造就业机会，增加技能储备，这是我们策划、构思、编写本套《农村青年职业技能学习丛书》的初衷。

本套丛书的编写宗旨是围绕国家“阳光工程”的实施目标，在于提高农村劳动力素质和就业技能，促进农村劳动力向非农产业和城镇转移，实现稳定就业和增加农民收入，推动城乡经济社会协调发展；围绕提高我国广大农村青年进城务工必须掌握就业的基本知识和技能的时代要求，帮助他们通过自学掌握从农民向技术工人转变所必需的知识和技术，适应社会多领域的就业需求，获得职业入门指导。

本书编委会

目　　录

第五章　数控机床的操作

第一节　数控机床的操作规程

一、数控机床的基本操作规程

在操作机床之前，操作人员必须仔细阅读机床说明书及相关技术文档，一定要充分了解机床的使用条件和必要的机床安全操作措施，以做好相应操作准备。

注意：若不严格遵守安全规程，可能会导致操作者人身伤害或设备损坏。

（一）操作前，我们要注意

工作时应穿戴好安全防护用品。不允许戴手套操作机床，不要系领带或其他容易被挂住的饰品。不要移动损毁机床上的任何警示标示。保证充足的操作空间，不要在机床周围放置影响操作的物品。

牢记急停按钮的位置，以便在发生意外时第一时间按下急停按钮，切断动力电源，避免更严重的损失。一部分设备为方便操作者，设有多个急停按钮，其功能相同，按下任一个都可达到同样效果。

（二）操作时，我们也要做到

不要用湿手接触、操作任何开关。电源突然断电时，应随即按下急停按钮，并关闭总开关。工作状态下及工作结束后要关闭电气装置的门或盖，以免水、灰尘及有害气体进入数控装置、的电源控制板等部位。操作机床的控制面板时，不要多人同时操作。

（二）维护保养设备时，我们也不能忘记

在通电状态下不要触摸电气柜内数控装置、伺服装置、变压器、风扇及其他带电的元器件。

电气柜中有高压部分（带有闪电标志）会产生严重电击的危险。在接近或打开标示闪电标牌的部分时，应格外小心，以免触电。

不要随意拆卸数控操作面板，触碰其内部连接端子存在被电击的危险，其内部精密电子元件也容易损坏。

不要随意按压操作按钮及行程开关。不要改动限位开关的位置，未和制造厂联系，不得自行调整丝杠螺母、丝杠轴承预紧状态及丝杠预拉伸量，不得松动和擅自拆装联轴器，以免影响传动精度。

不要轻易打开电气柜门，不准改变已设定的机床参数、电位器和计时器。如果必须改变，应由经过培训且经制造厂认可的专业人员操作，并记录下变动前的参数值，以便在必要时，能恢复原始状态。

需进入设备内部调整或维修保养时，不要单人实施操作。以免机床被不知情者突然启动对检修者造成伤害。情况特殊时，需在关键位置（配电箱、机床电源处）设置明显警告标志。

二、数控车床的操作规程

在数控机床的工作过程中，一定要做到规范操作，避免发生人身、设备、刀具等安全事故。数控车床的安全操作规程如下。

（一）加工前的安全操作

1. 零件加工前，首先检查机床及其运行状况。该项检查可以通过试车的办法进行。

2. 在操作车床前，应仔细检查输入的数据，以免引起误操作。

3. 确保编程指定的进给速度与实际操作所需要的进给速度相适应。

4. 当使用刀具补偿时，应再次检查补偿方向与补偿量。

5. CNC 与 PMC 参数都是机床出厂时设置好的，通常不需要修改。如果必须修改，在修改前，应确保对参数有深入全面的了解。

6. 车床通电后，CNC 装置尚未出现位置显示或报警画面前，不应触碰 MDI 面板上的任何键。因为 MDI 上的有些键是专门用于维护和特殊操作的，如在开机的同时按下这些键，可能产生机床数据丢失等错误。

（二）数控车床操作过程中的安全注意事项

1. 当手动操作机床时，要确定刀具和工件的当前位置，并保证正确指定了运动轴、方向和进给速度。

2. 机床通电后，必须首先执行手动返回参考点操作。如果机床没有执行手动返回参考点操作，机床的运动不可预料，极易发生碰撞事故。

3. 在使用手轮进给时，一定要选择正确的手轮进给倍率，过大的手轮进给倍率容易使刀具或机床损坏。

4. 在手动干预、机床锁住或平移坐标操作时，都可能使工件坐标系位置发生变化。用加工程序控制机床前，请先确认工件坐标系。

5. 正式加工前，常常通过机床空运行来确认机床运行的正确性。在空运行过程中，机床以系统设定的空运行进给速度运行，这与程序输入的进给速度不一样，而且空运行的进给速度要比编程用的进给速度快得多。

（三）与编程相关的安全注意事项

1. 如果没有正确设置工件坐标系，尽管程序指令是正确的，机床仍不按其加工程序规定的位置运动。

2. 在编程过程中，一定要注意公制、英制的转换，使用的单位制式一定要与机床当前使用的单位制式相同。

3. 当编制恒线速度指令时，应注意回转轴的转速，特别是靠近回转轴轴线时的转速不能过高。因为，当工件安装不太牢时，会由于离心力过大而甩出工件，造成事故。

4. 在刀具补偿功能模式下，当发生基于机床坐标系的运动命令或参考点返回命令时，补偿就会暂时取消，这极有可能导致机床发生不可预想的事故。

三、数控铣床的操作规程

首先确保严格按数控机床的基本操作规程使用，保养设备。

使用前的准备：操作前检查润滑油和冷却液，以便及时添加或更换。如铣床是气动松刀设计，需保证车间压缩空气气源的压力满足铣床的要求。检查工作台上有无妨碍操作的杂物，主轴锥孔应清洁；管、线等应无松动、脱落现象。

待清理完毕以及全面检查机床各部位待命状态并确信安全后方可通电。

通电时应顺序接通车间电源开关、机床主电路空气开关、控制台上的机床启动开关。

机床电气柜、变压器柜、键盘锁上的钥匙必须单机专用，不准代用，不准多台机床之间混用，以免对锁造成损伤，影响使用。

启动时的安全检查：当接通控制台开关后，应先检查各轴驱动装置上的指示灯状态是否正确。检查显示器上是否有各种类型的报警指示。检查所有的电机和其他运动部件是否有异常的噪声。

操作运行：打开电源，系统准备就绪后，一定先将三轴回到参考点。否则铣床执行的一切进给动作都有可能不正确！注意结合实际情况决定 X、Y、Z 移动的顺序，防止碰撞。

系统提示三轴已经回到参考点后，预热机床。手动方式下主轴低速正转，慢速移动工作台和主轴箱。也可编制热机程序，让铣床在自动方式下主轴正转，X、Y、Z 方向以较低速度在接近全程范围内空进给 10 分钟左右。

不要刚编制好新程序就开始自动加工，为防止错误的程序导致人身伤害或设备损坏，运行前最好将机床进给锁定，在系统内空运转一次程序，通过显示器反馈的信息检验程序是否正确。

必须关闭机床防护门，如无防护门，要戴防护眼镜，首件加工时，应使用“单步”功能逐条运行，便于修正可能发生的错误。

安装刀具时，应确认数控系统在停止状态，主轴静止。先调整主轴箱或工作台到一个便于操作的位置，将刀具与主轴的接触部分擦拭干净，再把刀具紧固好。现在一些较新的数控铣床采用了BT/JT标准化刀柄，气动松刀，提高了换刀速度，降低了换刀难度。在安装前需检查刀柄的拉钉是否牢靠，安装后还应检查刀具是否装正。

拆卸刀具时，应使主轴箱与工作台之前保持适当的距离，防止刀具拆卸过程中卡在二者之间妨碍继续操作。整个过程中应用手握紧刀具，防止在拆卸过程中刀具突然落下砸伤操作者或工作台。

中断与恢复：加工过程中如需暂停（检查程序、准备工具等），应按下控制面板上的“进给保持”键，此时机床的工作台与主轴箱停止进给运动，加工暂停。如需恢复加工，可按“程序启动”键。程序会从暂停的地方继续执行。

如发生紧急情况，必须立刻停止机床的一切动作，操作者应立即按下急停开关。此时机床的机械执行部分断电，动作停止。

注意：按下控制面板上的“进给保持”键后，机床M功能的执行不受干涉（主轴、切削液和辅助设备的工作状态不改变）。如需测量或清理切屑，一定要通过查看显示屏上的转速或目视确认主轴停止后再进行操作！否则可能导致重大的安全事故！

急停后，必须彻底排除异常才能继续操作。系统再次启动，准备就绪后，一定要将三轴再次回到参考点（即使开机已经做了这一步），否则铣床执行的一切进给动作都有可能不正确！

加工完成后：清除工作台上及T型槽中的切屑，如使用的是水性切削液，还要将工作台上的液体擦拭干净并涂上防锈油以防止生锈。根据机床要求润滑。依次关闭数控系统控制面板上的电源开关、机床电器柜上的电源开关与配电箱上的开关。

四、加工中心的操作规程

除严格按照数控铣床的操作规程使用、保养设备外，还应认真执行如下规程。

使用前的准备：保证压缩空气气源的压力不低于机床要求，并且输出稳定。检查自动润滑系统油箱的油位，如低于“Min”标记，需及时添加相同标号的润滑油。检查刀库当前状态是否正确，数控系统显示屏上应无错误信息，刀库应处于非交换状态。检查所选用的刀具，最大长度、直径、重量是否符合加工中心的刀库要求。严禁超设计性能使用。

操作运行：打开电源，系统准备就绪后，先将三轴回到参考点，再校准刀库。部分加工中心还需要将第 4/5 轴回参考点。注意安排各轴回位顺序，防止出现碰撞。

刀具的安装与拆卸必须严格按照使用说明书的规定。

若在加工中使用自动换刀功能，需确认刀具补偿参数是否输入正确。

加工完成后：对于盘式刀库机床，关机前保证刀库在原位，X、Y 轴停在居中位置，Z 轴停在最高点位置附近。对于机械手式刀库，应将主轴上的刀具还回刀库。并将主轴锥孔和各刀柄擦净，防止有存留的切屑等影响刀具与主轴的配合质量及刀具旋转精度。关机前保证当前刀套在水平位，X、Y 轴停在居中位置，Z 轴停在最高点位置附近。禁止在主轴箱位置低于换刀位置状态下停机，以防再次开机时由于操作和维护不当等引起刀库的意外故障造成撞车。

注意：禁止用气枪吹主轴锥孔，因为气流会使微小颗粒或切屑进入主轴锥孔内，影响主轴清洁度。

五、线切割机床操作规程

为了保证操作者的人身安全，保证设备安全，操作者必须严格遵守线切割机床安全操作规程。

（一）高速走丝线切割机床安全操作规程

1. 开机前按机床说明书要求，对各润滑点加油。

2. 按照线切割加工工艺正确选用加工参数，按规定的操作顺序操作。

3. 用手摇柄转动贮丝筒后，应及时取下手摇柄，防止贮丝筒转动时将手摇柄甩出伤人。

4. 装卸电极丝时，注意防止电极丝扎手。卸下的废丝应放在规定的容器内，防止造成电器短路等故障。

5. 停机时，要在贮丝筒刚换向后尽快按下停止按钮，以防止贮丝筒启动时冲出行程引起断丝。

6. 应消除工件的残余应力，防止切割过程中工件爆裂伤人。加工前应安装好防护罩。

7. 安装工件的位置，应防止电极丝切割到夹具；应防止夹具与线架下臂碰撞；应防止超出工作台的行程极限。

8. 不能用手或手持导电工具同时接触工件与床身（脉冲电源的正极与地线）以防触电。

9. 禁止用湿手按开关或接触电器部分。防止工作液及导电物进入电器部分。发生因电器短路起火时，应先切断电源，用四氯化碳等合适的灭火器灭火，不准用水灭火。

10. 在检修时，应先断开电源，防止触电。

11. 加工结束后断开总电源，擦净工作台及夹具并上油。

（二）低速走丝线切割机床安全操作规程

1. 操作者必须经过技术培训才能上机操作。

2. 安装好所有的安全保护盖、板后才能开始加工。

3. 在加工中接触电极丝（包括废丝）会发生触电，同时接触电极丝和机床会发生短路。因此，必须装上或关上所有的防护罩后才能开始加工。打开防护罩或门时需中断加工。

4. 选择合理的工作液喷流压力以减小飞溅，加工时需装上挡水盘，围好挡水帘。

5. 禁止用湿手按开关或接触电器部分。防止导电物进入电器部分，以免触电或造成电气故障。

6. 在检修时应先断开电源，防止触电。

7. 加工结束后断开总电源。

第二节　数控车床的操作与加工

一、FANUC 系统及其车床的操作

FANUC 数控系统由日本富士通公司研制开发。当前，该数控系统在我国得到了广泛的应用。目前，在中国市场上，应用于车床的数控系统主要有 FANUC 18i－TA/TB、FANUC 0i－TA/TB、FANUC 0－TD 等。FANUC 0i－TA 数控系统操作界面如图所示。

图 5－1　FANUC 0i－TA 数控系统面板

在 FANUC 系统中，因其系列、型号、规格各有不同，在使用功能、操作方法和面板设置上，也不尽相同。本节以 FANUC 0i - TA 为例进行叙述。FANUC 0i - TA 系统的机床总面板如图 5 - 2 所示。

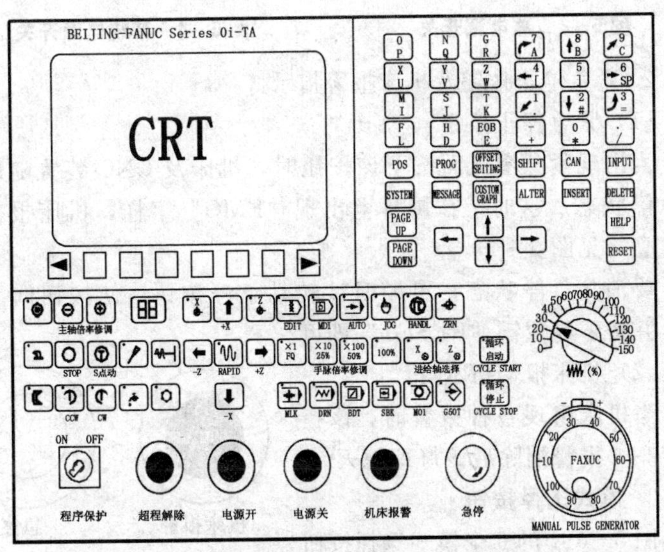

图 5 - 2　FANUC 0i - TA 数控车床面板图

(一) FANUC 系统机床面板按钮及功能介绍

1. 电源开关

(1) 机床总电源开关

机床总电源开关（见图 5 - 3）一般位于机床的背面。在使用时，必须先将主电源开关置于“ON”。

(2) 机床电源开

按下按钮“电源开”（见图 5 - 4），向机床润滑、冷却等机械部分及系统供电。

(3) 系统电源关

按钮“电源关”（见图 5 - 4）为关闭系统电源的开关。

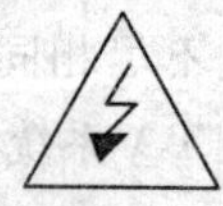

图 5-3　总电源开关

图 5-4　系统电源开关

2. 紧急停止按钮及机床报警指示灯

(1) 紧急停止按钮

当出现紧急情况而按下该按钮时，机床及 CNC 装置随即处于急停状态。这时，在屏幕上出现“EMG”字样，机床报警指示灯亮（见图 5-4）。

要消除急停状态，可顺时针转动急停按钮，使按钮向上弹起，并按下复位键“RESET”即可。

(2) 机床报警指示灯

当机床出现各种报警时，该指示灯亮，报警消除后该灯即熄灭。

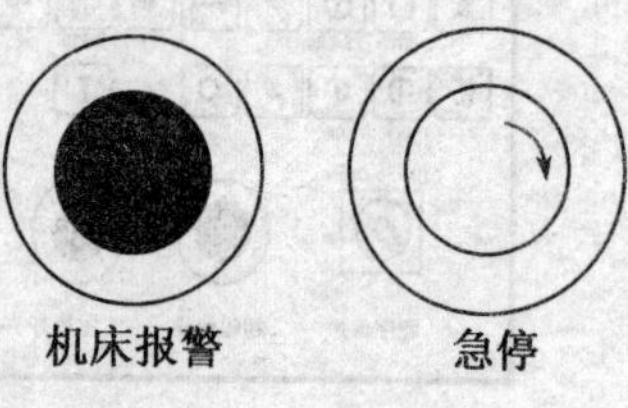

图 5-5　急停与报警

3. 模式选择按钮

图 5-6 中的 6 个模式选择按钮为单选按钮，只能选择按下其中的一个。

图 5-6　模式选择开关

(1) 编辑（EDIT）

按下该按钮，可以对储存在内存中的程序数据进行编辑操作。

(2) 手动数据输入（MDI）

在该状态下，可以在输入了单一的指令或几条程序段后，立即按下循环启动按钮使机床动作，以满足操作需要。如开机后的指定转速“S800　M03;”。

（3）自动执行（AUTO）

按下该按钮后，可自动执行程序。当按下如图 5－7 所示的按键之一后，其自动运行又有以下 5 种不同的形式。

图 5－7　自动运行模式下的选择开关

①机床锁住（MLK）

按下该按钮后，刀具在自动运行过程中的移动功能将被限制执行，但能执行 M、S、T 指令。系统显示程序运行时刀具的位置坐标。该功能主要用于检查程序编制是否正确。

②空运行（DRN）

按下该按钮后，在自动运行过程中刀具按机床参数指定的速度快速运行。该功能主要用于检查刀具的运行轨迹是否正确。

③程序段跳跃（BDT）

按下该按钮后，程序段前加“/”符号的程序段将被跳过执行。

④单段运行（SBK）

按下该按钮后，每按一次循环启动按钮，机床将执行一段程序后暂停。再次按下循环启动，则机床再执行一段程序后暂停。采用这种方法可对程序及操作进行检查。

⑤选择停止（M01）

按下该按钮后，在自动执行的程序中出现有“M01”指令的程序段时，其加工程序将停止执行。这时，主轴功能、冷却功能等也将停止。再次按下循环启动后，系统将继续执行“M01”以后的程序。

（4）手动连续进给（JOG）

①手动连续慢速进给

实现手动连续慢速进给时，按下如图 5-8（a）所示 JOG 进给方向键按钮不放，该指定轴即沿指定的方向进行进给。进给速率可通过如图 5-8（b）所示的进给速度倍率旋钮进行调节，调节范围为 0%～150%。另外，对于在自动执行的程序中所指定的进给速度 F，也可用其进给速度倍率旋钮进行调节。

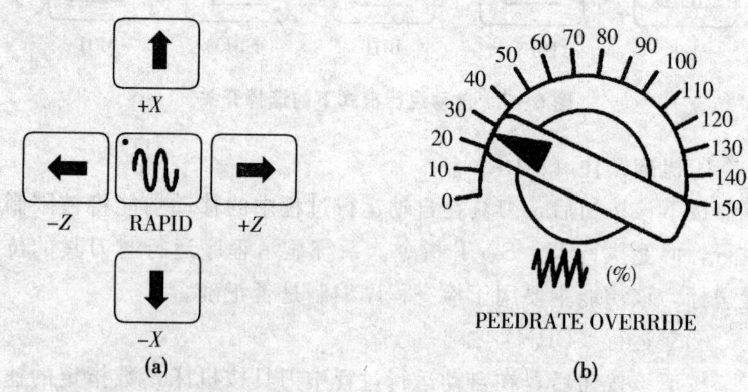

图 5-8 手动连续进给操作键

②手动连续快速进给

在按下方向选择按钮后，同时按下图 5-8（a）所示中间位置的快速移动按钮，即可实现某一轴的自动快速进给。快速进给速率由系统参数确定其最大值，并有如图 5-9 所示 F0、25%、50%、100%的 4 种快速倍率选择。

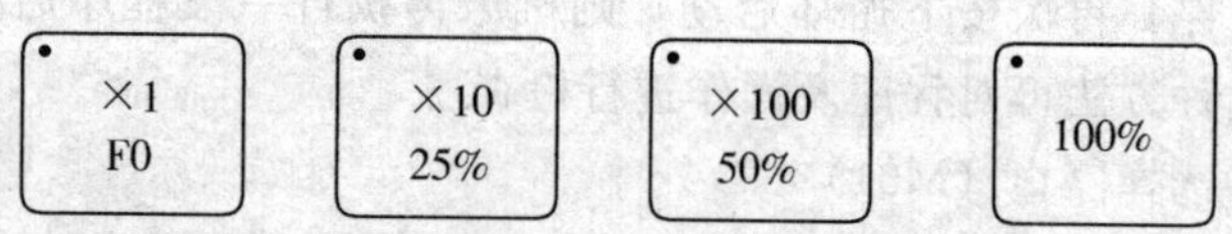

图 5-9 进给倍率修调按钮

（5）手轮进给操作（HANDLE）

手轮进给操作过程如下：先选择图 5-10 所示的进给轴，再选择图 5－9 按键上方所示的增量步长，摇动手摇脉冲发生器（见图 5－11）即可完成手轮进给操作。手摇脉冲发生器顺时针旋转方向为正向进给方向，逆时针旋转方向为负向进给方向。

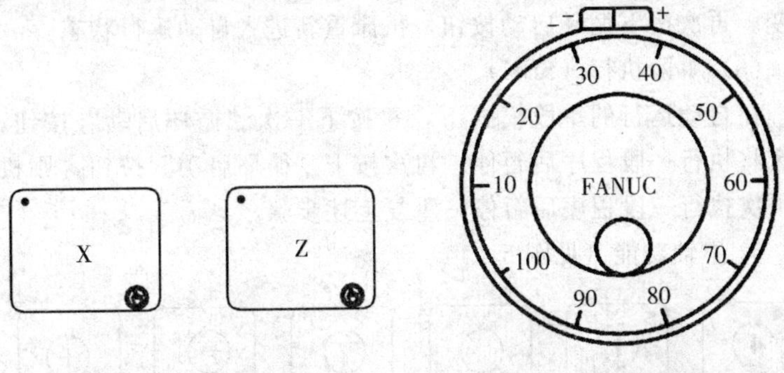

图 5－10　手轮进给　　　　图 5－11　手摇脉冲发生器

增量步长有“×1”、“×10”和“×100”3 种。当选择“×1”增量步长时，表示手摇脉冲发生器转过一格（一周有 100 格），刀具移动距离为 0.001mm。同理，“×100”表示手摇脉冲发生器转过一格时，刀具移动 0.1mm。

（6）手动返回参考点（ZRN）

在该状态下，可以执行返回参考点的功能。当相应轴返回参考点指令执行完成后，对应轴的返回参考点指示灯亮，如图 5－12 所示。

4. 循环启动执行按钮（见图 5－13）

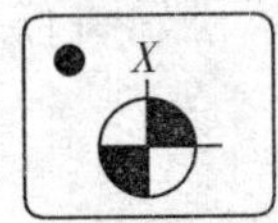

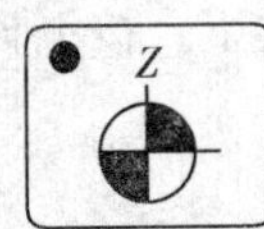

图 5－12　返回参考点　　　　图 5－13　循环执行按钮

（1）循环启动开始按钮（CYCLE START）

在自动运行状态下，按下如图 5－13 所示的“循环启动”按钮，机床自动运行加工程序。

（2）循环启动停止按钮（CYCLE STOP）

在机床循环启动状态下，按下“循环停止”按钮，程序运行及刀具运动将处于暂停状态，其他功能如主轴转速、冷却等保持不变。再次按下循环启动按钮，机床重新进入自动运行状态。

（3）单段执行（SBK）

在自动运行的单段模式下，每按下一次“循环启动”按钮，机床将执行一段程序后暂停。再次按下“循环启动”按钮，则机床再次执行一段程序后暂停，重复上述步骤。

5. 主轴功能（见图 5 - 14）

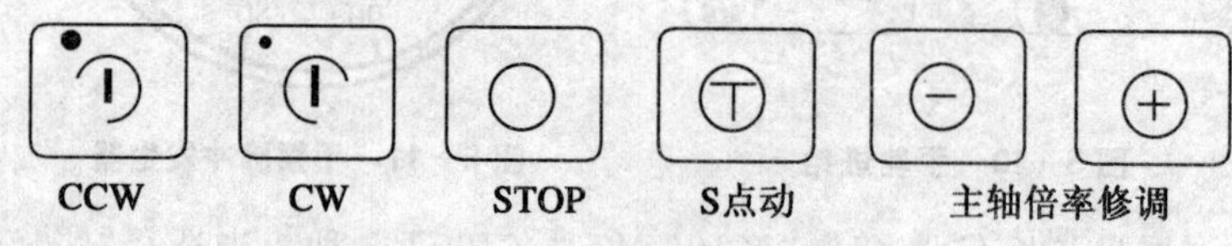

图 5 - 14　主轴功能按钮

（1）主轴反转按钮（CCW）

在 HANDLE（手轮）模式或 JOG（手动）模式下，按下该按钮，主轴将逆时针转动。

（2）主轴正转按钮（CW）

在 HANDLE 模式或 JOG 模式下，按下该按钮，主轴将顺时针转动。

（3）主轴停转按钮（STOP）

在 HANDLE 模式或 JOG 模式下，按下该按钮，主轴将停止转动。

（4）主轴点动按钮（S 点动）

按下主轴“点动”按钮，主轴旋转，松开该按钮，主轴则停止旋转。

（5）主轴倍率修调旋钮

在主轴旋转过程中，可以通过主轴倍率修调按钮对主轴转速实现调速。每按一下主轴倍率修调按钮“+”使主轴转速增加

10%，同样每按一下主轴倍率修调按钮“－”使主轴转速减小10%。在加工程序执行过程中，也可对程序中指定的转速进行调节。

6. 液压系统功能按钮（见图 5－15）

（1）液压启动按钮“液压启动”按钮用于控制数控机床液压系统电源的开启与关闭。

（2）液压尾座按钮在液压系统开启的情况下，“液压尾座”按钮用于控制液压尾座的顶紧与松开。

(a) 液压启动

(b) 液压尾座

(c) 液压卡盘

图 5－15 液压系统功能按钮

（3）液压卡盘按钮在液压系统开启的情况下，“液压卡盘”按钮用于控制液压卡盘的夹紧与松开。

7. 手动冷却润滑功能按钮（见图 5－16）

(a) 间隙润滑

(b) 手动冷却

图 5－16 手动冷却润滑按钮

（1）间隙润滑按钮

按下“间隙润滑”按钮，将自动对机床进行间隙性润滑，间隙时间由系统参数设定。

（2）手动冷却按钮

每按一次“手动冷却”按钮，机床即执行切削液冷却“开”功能，再次按下该按钮，则其冷却功能停止。

8. 其他功能（见图 5－17）

(a) 手动转刀

(b) 返回中断点

(c) S、T显示

(d) G50T

(e) 程序保护

(f) 超程解除

图 5-17 其他功能按钮

(1) 手动转刀按钮

每按一次“刀架转位”按钮，刀架将依次转过一个刀位。

(2) 返回中断点按钮

按下该按钮，可以实现程序中断后的返回中断点操作。

(3) 刀具号显示与转速挡位数显示功能

“状态显示”用于显示了当前机床的转速挡位数与刀具号。其中左边为转速挡位数，右边为刀具号数。

(4) “G50T”位置存储功能按钮

G50T 功能可为每一把刀具设定一个工件坐标系。

(5) 程序保护

当程序保护开关处于“ON”位置时，即使在“EDIT”状态下也不能对 NC 程序进行编辑操作；

只有当程序保护开关处于“OFF”位置时，同时在“EDIT”状态下，才能对 NC 程序进行编辑操作。

(6) 超程解除按钮

当机床出现超程报警时，按下“超程解除”按钮不要松开，可使超程轴的限位挡块松开，然后用手摇脉冲发生器反向移动该轴，从而解除超程报警。

9. MDI 和 CRT 面板

(1) MDI 按键功能

凡是系统型号相同的该面板，其面板操作功能及位置也相同。现以 FANUC 0i 系统为例说明各功能键的作用。在本书中，

MDI 功能按钮用加“□”的字符表示，如 PROG 表示编辑功能按钮。各 MDI 按键功能见表 5－1 所列。

表 5－1　MDI 按键功能

按键	功　能
数字键	数字的输入
运算键	数字运算键的输入
字母键	字母的输入
EOB	程序段结束符的输入
POS	显示刀具的坐标位置
PROG	在 EDIT 方式下，显示存储器里的程序；在 MDI 方式下输入及显示 MDI 数据；在 AUTO 方式下显示程序指令值
OFFSET SETTING	设定并显示刀具补偿值、工作坐标系、宏程序变量
SYSTEM	用于参数的设定、显示，自诊断功能数据的显示
MESSAGE	NC 报警信号显示，报警记录显示
CUSTOM GRAPH	用于图形显示
SHIFT	上挡功能键
CAN	字符删除键，用于删除最后一个输入的字符或符号
INPUT	输入键，用于参数或补偿值的输入
ALTER	替代键，程序字的替代
INSERT	插入键，程序字的插入
DELETE	删除键，删除程序字、程序段及整个程序
HELP	帮助键
PAGE UP	翻页键，向前翻页
PAGE DOWN	翻页键，向后翻页
CORSOR	光标移动键，光标上下、左右移动
RESET	复位键，使所有操作停止，返回初始状态

（2）CRT 显示器中的软键功能

在 CRT 显示器的下方，有一排软按键，这排软按键的功能是根据 CRT 中的对应提示来指定的。在本书中，软键用符号“[]”表示，如［N SRH］。

（二）FANUC 系统机床操作

1. 机床电源的开/关

（1）电源开

①检查 CNC 和机床外观是否正常。

②接通机床电器柜电源，按下“电源开”按钮。

③检查 CRT 画面显示资料（见图 5－18（a））。

④如果 CRT 画面显示“EMG”报警画面，可松开“急停”键并按下 RESET 键数秒后，系统将复位。

⑤检查散热风机等是否正常运转。

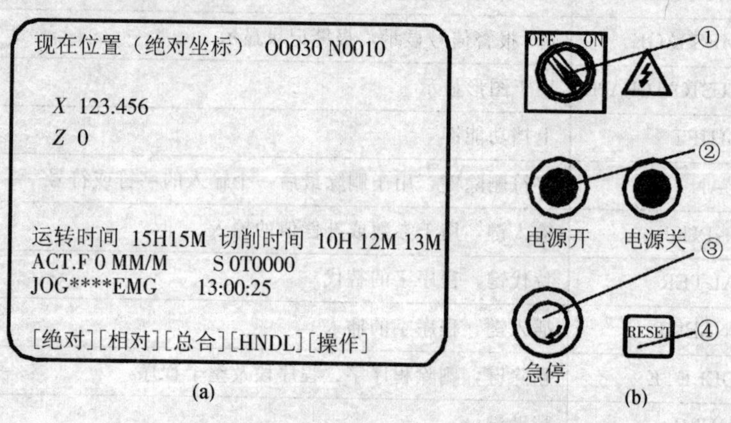

图 5－18 开机流程与开机后的画面

（2）电源关

①检查操作面板上的循环启动灯是否关闭。

②检查 CNC 机床的移动部件是否都已经停止移动。

③如有外部输入/输出设备接到机床上，先关闭外部设备的电源。

④按下“急停”键后，按下“电源关”按钮，关闭机床总电源。

2. 手动操作

(1) 返回参考点操作

机床返回参考点的操作流程如图 5－19 (b) 所示。

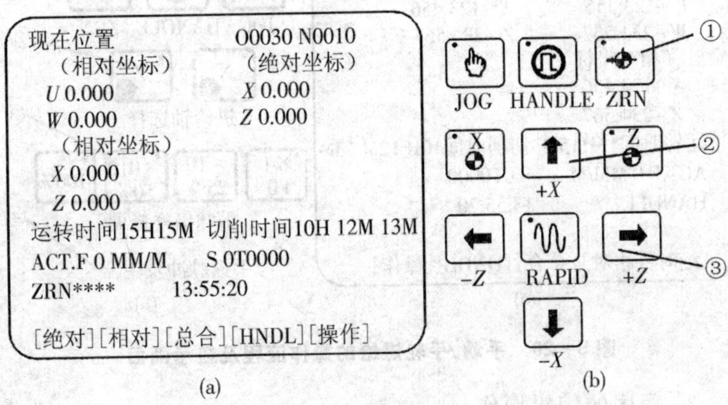

图 5－19 返回参考点的操作流程与显示画面

①选择模式按钮“ZRN”。

②按下“＋X”轴的方向选择按钮不松开，直到 X 轴的返回参考点指示灯亮。

③按下“＋Z”轴的方向选择按钮不松开，直到 Z 轴的返回参考点指示灯亮。

在返回参考点过程中，为了刀具及机床的安全，数控车床的返回参考点操作一般应按先 X 轴后 Z 轴的顺序进行。

(2) 手轮进给操作

①选择模式按钮“HANDLE”。

②在机床面板上选择移动刀具的坐标轴。

③选择增量步长。

④旋转手摇脉冲发生器向相应的方向移动刀具。

(3) 手动连续进给与手动快速进给

该操作同于手轮进给操作。手动及手轮进给的操作流程及其显示画面如图 5－20 所示。

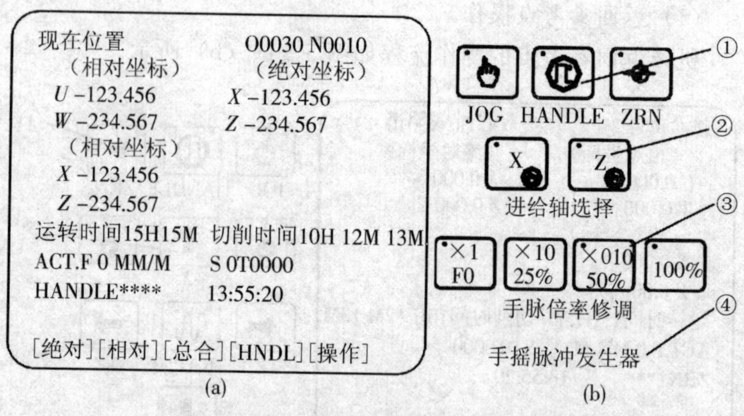

图 5－20 手动/手轮进给的操作流程及显示画面

3. 程序的编辑操作

(1) 程序的操作

a. 建立一个新程序

建立新程序的流程如图 5－21 所示。

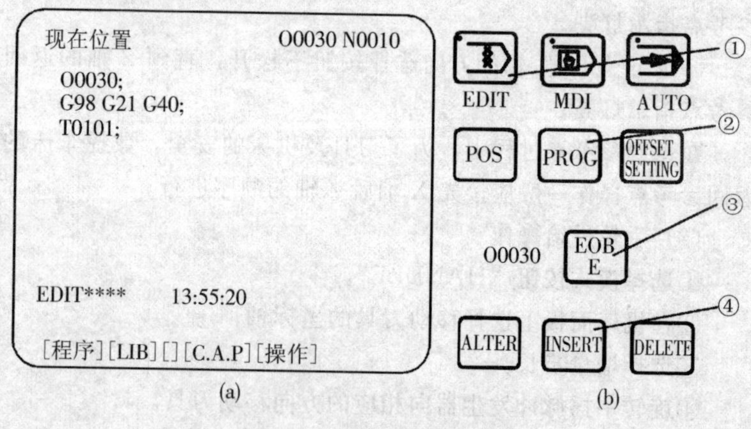

图 5－21 建立新程序流程图

选择模式按钮“EDIT”(见图中①)，按下 MDI 功能键 PROG（见图中②)，输入地址符 0，输入程序号（如 00030)，按下 EOB 键（见图中③)，按下 INSERT 键（见图中④）即可完成新程序“00030”的输入。

建立新程序时，要注意建立的程序号应为内存储器中所没有的新程序号。

b. 调用内存中储存的程序

选择模式按钮“EDIT”，按下 MDI 功能键 PROG，输入地址符 0，输入程序号（如 0123)，按下 CORSOR 向下移动键即可完成程序“0123”的调用。

在调用程序时，一定要调用内存储器中已存入的程序。

c. 删除程序

选择模式按钮“EDIT”，按下 MDI 功能键 PROG，输入地址符 0，输入程序号（如 0123)，按下 DELETE 键即可完成单个程序“0123”的删除。

如果要删除内存储器中的所有程序，只要在输入“0～9999”后按下 DELETE 键即可完成内存储器中所有程序的删除

如果要删除指定范围内的程序，只要在输入“OXXXX，OYYYY”后按下 DELETE 键即可将内存储器中“OXXXX～OYYYY”范围内的所有程序删除。

(2) 程序段的操作

①删除程序段

选择模式按钮“EDIT”，用 CORSOR 键检索或扫描到将要删除的程序段 N××××处，按下 EOB 键，按下 DELETE 键即可将光标所在的程序段删除。

如果要删除多个程序段，则用CORSOR键检索或扫描到将要删除的程序开始段的地址（如 N0010），键入地址符 N 和最后一个程序段号（如 N1000），按下DELETE键，即可将 N0010～N1000 内的所有程序段删除。

②程序段的检索

程序段的检索功能主要用于自动运行模式中。其检索过程如下：按下模式选择按钮AUTO，按下键PROG，显示程序屏幕，输入地址 N 及要检索的程序段号，按下 CRT 下的软键［N SRH］，即可找到所要检索的程序段。

（3）程序字的操作

①扫描程序字

选择模式按钮“EDIT”，按下光标向左或向右移动键（见图 5－22），光标将在屏幕上向左或向右移动一个地址字。按下光标向上或向下移动键，光标将移动到上一个或下一个程序段的开始段。按下 PAGE UP 键或 PAGE DOWN 键，光标将向前或向后翻页显示。

图 5－22　光标扫描键

②跳到程序开始段

在“EDIT”模式下，按下RESET键即可使光标跳到程序开始段。

③插入一个程序字

在“EDIT”模式下，扫描到要插入位置前的字，键入要插入的地址字和数据，按下INSERT键。

④字的替换

在“EDIT”模式下，扫描到将要替换的字，键入要替换的地址字和数据，按下AITER键。

⑤字的删除

在“EDIT”模式下，扫描到将要删除的字，按下DELETE键。

⑥输入过程中字的取消

在程序字符的输入过程中，如发现当前字符输入错误，则按下一次CAN键，则删除一个当前输入的字符。

(4) 程序输入与编辑实例

例 将下列加工程序输入到CNC系统中。

```
O0030;
G40 G21 G98;
T0101;
S600 M03;
G00 X52.0 Z52.0;
G01 X30.0 F100;
    Z-20.0;
    X40.0 Z-30.0;
    X52.0;
G28 U0 W0;
M30;
```

程序的输入过程如下：

选择“EDIT”模式按钮，按PGOG，将“程序保护”置于“OFF”位置；

O0030 EOB INSERT；

G40 G20 EOB INSERT；

T0101 EOB INSERT；

S600 M03 M04 EOB INSERT；

G00 X52.0 Z52.0 EOB INSERT；

G01 X30.0 F100 [EOB] [INSERT]；

Z－20.0 [EOB] [INSERT]；

X40.0 Z－30.0 [EOB] [INSERT]；

X52.0 [EOB] [INSERT]；

G28 U0 W0 [EOB] [INSERT]；

M30 [EOB] [INSERT]；

[RESET]；

输入后，系统将会自动生成程序段号。另外，当检查后发现第二行中 G20 应改成 G21，并少输了 G98，第四行中多输了 M04，则应作如下修改：

将光标移动到 G20 上，输入 G21，按下 [AITER]；

将光标移动到 G2l 上，输入 G98，按下 [INSERT]；

将光标移动到 M04 上，按下 [DELETE]；

4．工件的装夹

根据加工要求，完成工件的正确装夹，并用百分表进行找正。

5．设置刀具偏移值（设定工件坐标系）

（1）在 MDI 方式下，输入主轴功能指令

①选择“MDI”模式按钮，按下 [PROG] 键。

②S600 M03 [EOB] [INPUT]。

③按下机床面板上的“循环启动”键，按下 [RESET]。

（2）在 MDI 方式下，将 1 号刀转到当前位置

①模式按钮选 MDI，按下 [PROG] 键。

②T01 [EOB] [INPUT]。

③按下机床面板上的“循环启动”键，1 号刀转到当前加工位置。

(3) 设置 X 向、Z 向的刀具偏移值（设定工作坐标系）

①按下模式按钮“HANDLE”，选择相应的刀具。

②按下主轴正转转速按钮 CW，主轴将以前面设定的 S600 的转速正转。

③按下 POS 键，再按下软键［总合］，这时，机床 CRT 出现图 5-23（a）所示的画面。

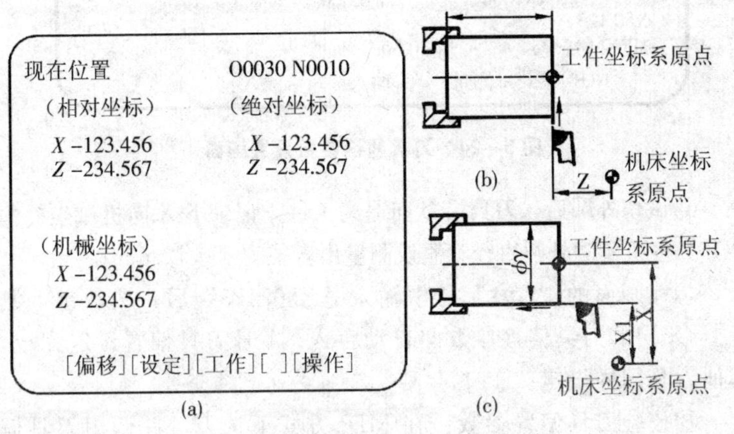

图 5-23　机床对刀操作

④选择相应的坐标轴，摇动手摇脉冲发生器或直接采用 JOG 方式，试切工件端面［见图 5-23（b）］后，沿 X 向退刀，记录下 Z 向机械坐标值“Z”。

⑤按 MDI 键盘中的 OFFSET/SETTING 键，按软键［补正］及［形状］后，显示图 5-24 所示出的刀具偏置参数画面。移动光标键选择与刀具号相对应的刀补参数（如 1 号刀，则将光标移至“G01”行），输入“Z0”，按软键［测量］，Z 向刀具偏移参数即自动存入（其值等于记录的 Z 值）。

刀具补正/形状				O0001 N0000
番号	*X*	*Z*	*R*	*T*
G001	-173.579	-234.567	2.000	3
G002	-166.399	-227.433	0.500	9
G003	0.000	0.000	0.000	0
G004	0.000	0.000	0.000	0
G005	0.000	0.000	0.000	0
G006	0.000	0.000	0.000	0
G007	0.000	0.000	0.000	0
G008	0.000	0.000	0.000	0
现在位置（相对坐标）				
	*U*0.000	*W*0.000		
X50.123				
MEN******		14:20:30		
[NO检索]	[测量]	[C输入]	[+输入]	[输入]

图 5-24　刀具补偿参数设置画面

⑥试切外圆后，刀具沿 Z 向退离工件，记录下 X 向机械坐标值“X1”。停机实测外圆直径（假设测量出直径为 ϕ50.123mm）。

⑦在画面的“G01”行中输入“X50.123”后，按软键［测量］，X 向的刀具偏移参数即自动存入。1 号刀具偏置设定完成，其他刀具同样设定。

⑧校验刀具偏置参数：在 MDI 方式下选刀，并调用刀具偏置补偿；在 POS 画面下，手动移动刀具靠近工件，观察刀具与工件间的实际相对位置；对照屏幕显示的绝对坐标，判断刀具偏置参数设定是否正确。

在设定刀具偏移时，也可直接将 *Z* 值及 *X* 值（$X=X1-\phi$）输入到刀具偏移补偿存储器中。

如果刀具使用一段时间后，产生了磨耗，则可直接将磨耗值输入到对应的位置，对刀具进行磨耗补偿。

6. 设置刀具刀尖圆弧半径补偿参数

刀尖圆弧半径值与刀沿号同样在图 5-25 所示画面中进行设

定。例如，1号刀为外圆车刀，刀尖圆弧半径为2mm；2号刀为普通外螺纹车刀，刀尖圆弧半径为0.5mm，则其设定方法如下。

(1) 移动光标键选择与刀具号相对应的刀具半径参数。如1号刀，则将光标移至“G01”行的R参数，键入“2.0”后按下INPUT键。

(2) 移动光标键选择与刀具号相对应的刀沿号参数。如1号刀，则将光标移至“G01”行的T参数，键入刀沿号“3”后按下INPUT键。

(3) 用同样的方法设定第二把刀具的刀尖圆弧半径补偿参数，其刀尖圆弧半径值为0.5mm，车刀在刀架上的刀沿号为“8”。

7. 自动加工

当上述工作完成后，即可进入自动加工操作。

(1) 机床试运行

①选择模式按钮“AUTO”。

②按下按钮PROG，按下软键［检视］，使屏幕显示正在执行的程序及坐标。

③按下机床锁住“MLK”，按下单步执行按钮“SBK”。

④按下循环启动按钮中的单步循环启动，每按一下，机床执行一段程序，这时即可检查编辑与输入的程序是否正确无误。

机床的试运行检查还可以在空运行状态下进行，两者虽然都被用于程序自动运行前的检查，但检查的内容却有区别。机床锁住运行主要用于检查程序编制是否正确，程序有无编写格式错误等；而机床空运行主要用于检查刀具轨迹是否与要求相符。

(2) 机床的自动运行

①调出需要执行的程序，确认程序正确无误。

②按下模式选择按钮“AUTO”。

③按下按钮PROG，按下软键［检视］，使屏幕显示正准备执行的程序及坐标。

④按下“循环启动按钮（CYCLE START）”，自动循环执行加工程序。

⑤根据实际需要调整主轴转速和刀具进给速度。在机床运行过程中，可以旋动主轴倍率按钮进行主轴转速的调整，但应注意不能进行高低挡转速的切换。旋动进给倍率旋钮（FEEDRATE VERRIDE）可进行刀具进给速度的调整。

机床自动运行的流程与显示画面如图 5-25 所示。

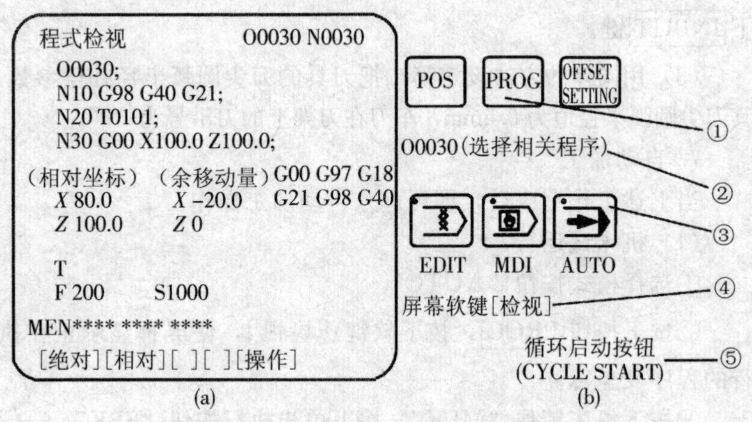

图 5-25 图形显示参数设置画面

（3）手动干预与返回功能

在自动运行期间，用循环暂停键使移动的刀具停止，进行手动干预（如手动退刀、转刀）等操作。当按下“循环启动”使自动运行恢复时，手动干预与返回功能可将刀具返回到手动干预前的开始处。该功能的操作过程如下。

①在程序自动运行过程中按下“循环暂停”按钮。

②在手动或手轮方式下移动刀具。

③按下返回中断点按钮［见图 5-17（b）］，刀具以空运行速度返回中断点。

④在“AUTO”模式下，按下“循环启动”按钮，恢复自动运行。

（4）图形显示功能

图形功能可以显示自动运行或手动运行期间的刀具移动轨迹，操作者可通过观察屏幕显示出的轨迹来检查加工过程，显示的图形可以进行放大及复原。

图形显示的操作过程如下。

①选择模式按钮“AUTO”。

②在 MDI 面板上按下 CUSTOM GRAPH，按下屏幕显示软键［G. PRM］显示如图 5－26 所示画面。

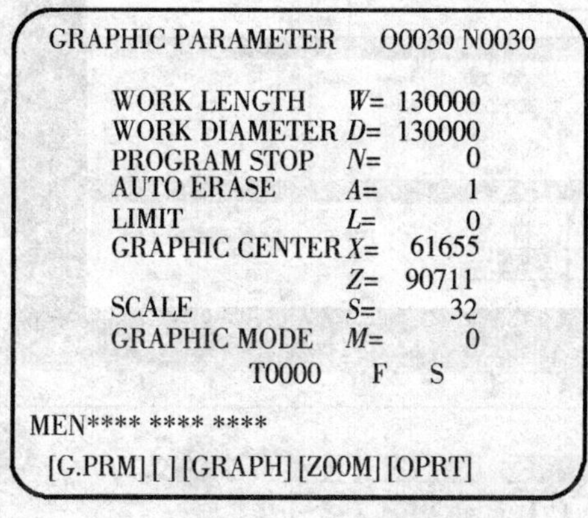

图 5－26 图形显示参数设置画面

③通过光标移动键将光标移动至所需设定的参数处，输入数据后按下 INPUT，依次完成各项参数的设定。

④再次按下屏幕显示软键［GRAPH］。

⑤按下“循环启动”按钮，机床开始移动，并在屏幕上绘出刀具的运动轨迹。

⑥在图形显示过程中，按下屏幕软键［ZOOM］/［NORMAL］可进行放大/恢复图形的操作。

8. 工件的加工与检测

当确认各项准备工作及加工程序准确无误后，即可在自动运行模式下启动加工程序，进行首件试切，然后卸下工件，并按图样要求对工件逐项进行检测。

9. 机床保养

加工完成后，要按规定对机床和工作环境进行清理、维护和保养。

二、SIEMENS 系统及其车床的操作

SIEMENS 802D 车床数控系统操作界面如图 5－27 所示。

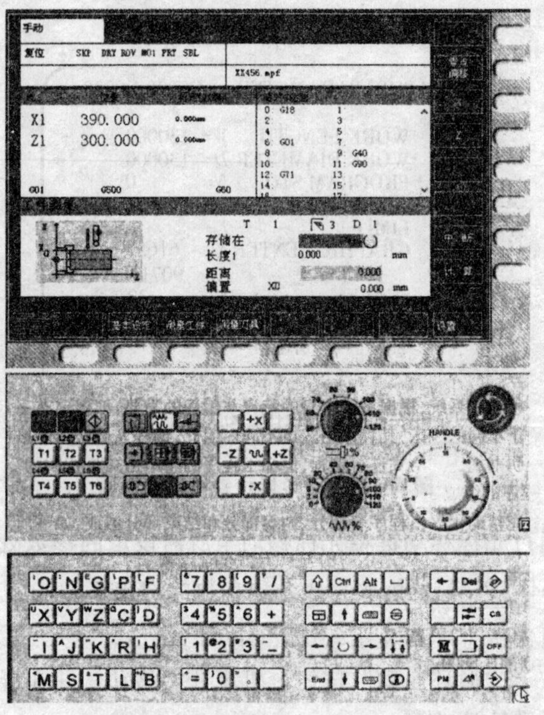

图 5－27　SIEMENS 802D 车床数控系统面板

因数控机床的生产厂家很多，对配置有同一型号数控系统的某类机床，尽管其系统操作面板及功能指令完全一样，但因其机床型号及设计理念等诸多原因，即使对各种同类机床，其控制面

板的大小，配备位置及其功能部件均可能有较大差异。具体操作使用机床时，应按其机床有关说明书或技术文件的规定进行。本书以配备 SIEMENS 802C 系统的数控车床为例，介绍有关内容。该机床的各面板配置如图 5-28 所示。

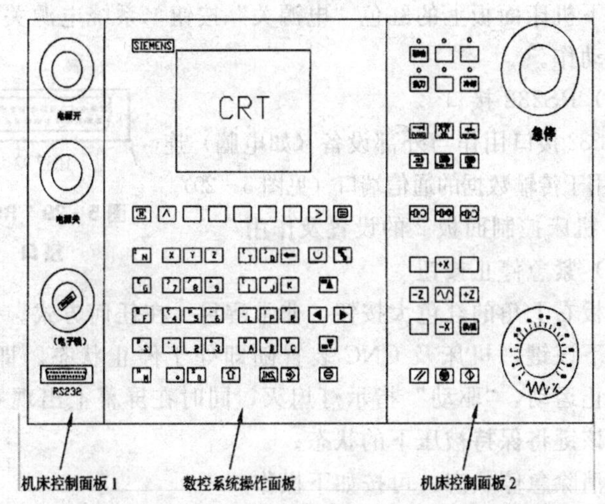

图 5-28 SIEMENS 802C 系统的数控车床的面板

为了便于读者使用，本书中将面板上的按钮分成以下 3 组。

(1) 机床控制面板上的按钮：用加“”的字母或文字表示，如“电源开”、“JOG”等。

(2) 系统操作面板上的功能键：用加□的字母或文字表示，如回车等。

(3) 与 CRT 屏幕相对应的 5 个软键：用加［ ］的文字表示，如［参数］、［程序］等。

(一) SIEMENS 系统机床控制面板

1. 机床控制面板 1 的设置及作用

(1) 机床电器柜电源开关

一般位于机床的侧面，开关向上扳到“ON”位置为电源闭合，开关向下扳到“OFF”位置为电源断开。

（2）系统电源开关

按下机床面板上的绿色“电源开”按钮，接通系统电源，正常通电以后，屏幕显示“回参考点”窗口。

按下机床面板上的红色“电源关”按钮，系统电源关闭，机床停止动作。

（3）RS232 接口

RS232 接口用作与外部设备（如电脑）连接，并用于传输数据的通信端口（见图 5－29）。

RS232

图 5－29 RS232 接口

2. 机床控制面板 2 的设置及作用

（1）紧急停止按钮

面板右上角的红色大按钮，非常醒目。在任何方式、任何时候，按下该键，机床及 CNC 装置随即处于停止状态。即刀架、主轴停止运动，“驱动”指示灯熄灭，同时在屏幕上出现 003000 报警。该键将保持被压下的状态。

要消除急停状态，可按如下操作。

①沿顺时针方向转动按钮，使按钮向上弹起。

②按下复位“RESET”键，消除 003000 报警。

③按下“驱动”键，消除 700016 报警。

④机床“回参考点”。

（2）进给速度倍率修调旋钮

该旋钮可以控制 X 轴和 Z 轴进给的快慢（在 0%～120%变换）。该旋钮指向 0 时，其轴无法运动，并显示轴进给值为 0。

（3）程序运行控制按钮（见图 5－30）

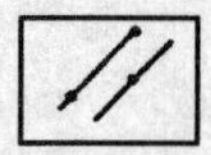

(a) 系统复位

(b) 循环暂停

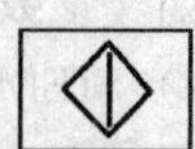

(c) 循环启动

图 5－30 程序运行控制按钮

“复位”键：不论系统处于何种状态，按该键可以使系统复位。这时，正在运行的加工程序被中断。许多机床出现报警时，也可通过按该键消除其报警。

“循环暂停”键：当零件加工程序正在运行时，按该键可以使加工程序暂时停止运行，再按“循环启动”键，即可恢复程序的运行。

“循环启动”键：在自动方式或 MDI 方式下，按该键可以启动加工程序的运行。

（4）点动与快进键

“点动”键共 4 个（见图 5－31），并兼有移动坐标轴及其方向选择功能，它们是：“＋X、－X、＋Z、－Z”。

在手动或回参考点方式下，按下点动键，可以控制刀架进行点动或连续移动。例如：按下“＋X”键，可以使刀架向 X 轴正向移动。但在“自动”或“手动数据输入”方式下，按“点动”键将不起任何作用。

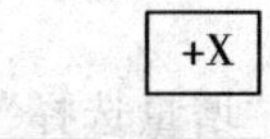

-Z

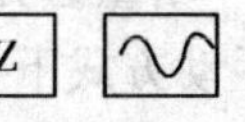

+Z

-X

图 5－31　点动与快进键

（5）“快速运行”键

手动运行时，按住某轴点动键的同时按住图 5－31 正中所示的“快速运行”键，即可加快刀架的移动速度。

（6）主轴功能键

在手动或回参考点方式下，可以使机床主轴正转、反转、停转（见图 5－32）。

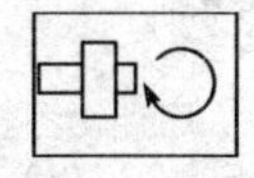

（a）主轴正转

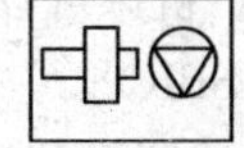

（b）主轴停止

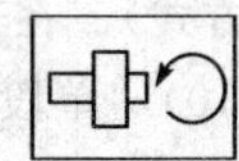

（c）主轴反转

图 5－32　主轴功能键

（7）运行方式选择键

①“JOG”运行方式（手动方式）。

②“MDI”运行方式（手动数据输入方式，面板按键为“MDA”）。

③“AUTO”运行方式（自动方式）。

以上3种运行方式（见图5-33）的具体说明详见本节的机床操作部分。

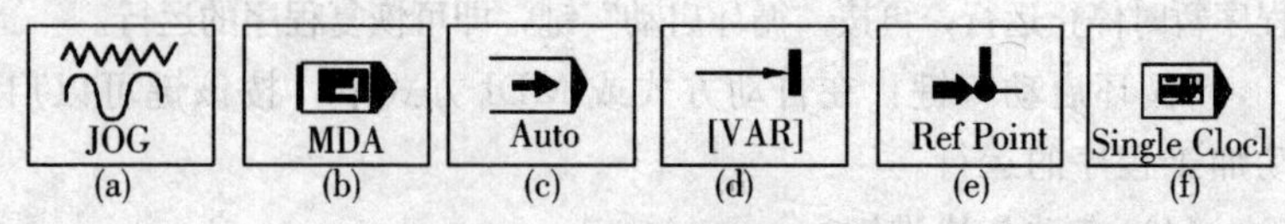

图5-33 模式选择按钮

(8)“增量选择”键（VAR）

在手动方式下，反复按该键［见图5-33（d)］，可以使机床在“手动”与“增量”之间切换。在增量方式下，每按一次 X 轴或 Z 轴点动按钮，刀架向相应方向移动相应步长（见图5-34)。“1 INC”表示增量步长为0.001mm，同理，“10INC”表示增量步长为0.01mm，依此类推。

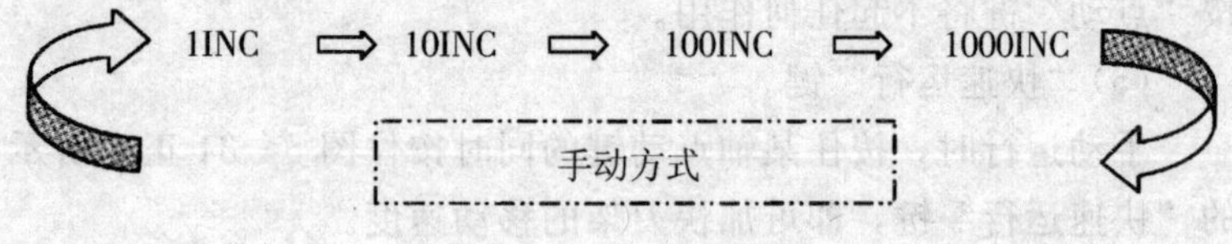

图5-34 步长的增量

(9)“回参考（零）点”键（Ref Point）

按该键［见图5-33（e)］，系统进入回参考点方式（手动REF方式）。在这种方式下，机床可以“回参考点”。

(10)“单段方式”键（SBK）

在Auto或MDI运行方式下，按该键［见图5-33（f)］，系统可在单段运行（屏幕右上角显示SBL）和连续运行（屏幕右上角不显示SBL。）之间进行切换。

(11) 用户定义键

以下功能键（见图5-1）为本机床厂家自定义的功能键（部

分键用发光二极管表示其状态)。

①“驱动”键用于控制数控系统的驱动，700003 和 700016 报警可以通过该键取消。

②“手动转刀”键在手动方式时，按下该键，刀架正转，放开该键后刀架在相应位置反转锁紧。如在较短时间内按一下该键，刀架自动转换一个刀位。

③“冷却开关”键在手动方式时，按一次该键冷却液开，再按一次该键冷却液关。

④“换挡确认”键在主轴转速需要进行高低挡转换时，先把换挡手柄扳到所需挡位，然后按该键进行确认。

(二) SIEMENS 系统操作面板

SINUMERIK 802C/S 两种型号的数控系统，其操作面板完全一样（图 5-35），各操作键的功能见表 5-2 所列。

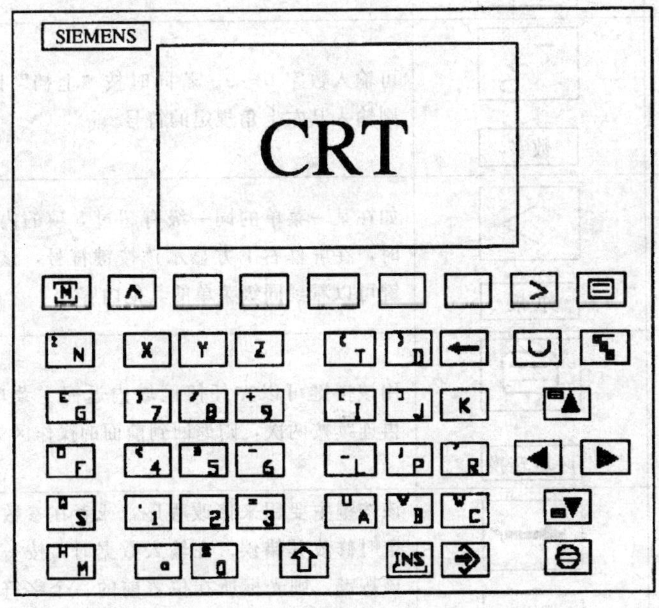

图 5-35 SIEMENS 802C/s 系统操作面板

表 5-2　SIEMENS 802C 系统操作面板按键功能

序号	功能键	功能
1	M 加工显示	不管屏幕当前显示的内容如何，按该按键后，均可显示当前加工位置的机床坐标值/工件坐标值。在自动方式下，可显示正在执行的程序段和将要执行的程序段
2	∧ 返回	如果屏幕左下方显示该按键，表示该按键可以返回到当前菜单的上一级菜单处
3	E G 字母	可输入字母 A～Z。若同时按“上档”键，则输入其左上角规定的字母或字符
4	- 6 数字	可输入数字 0～9。若同时按“上档”键，则输入其左上角规定的符号
5	> 扩展	如在某一菜单的同一级有超过 5 项的内容时，在屏幕右下方显示该按键符号，该按键可以看到同级菜单的其他内容
6	区域转换	用该按键可以在任何区域内返回主菜单，再连续按两次，则返回到前面的操作区
7	← 删除	该按键主要用来修改程序，或者在参数设定时修改其错误。在输入数据时，按一次该按键，则光标所在位置前的一个字符被删除

续表

序号	功能键	功能
8	报警应答	数控系统（包括机床）的一些报警信号可以通过该按键进行消除
9	垂直菜单	当出现垂直菜单提示符时，按该按键，可出现一垂直菜单，选择相应的内容，可方便地输入一些特定的内容，如编程时输入 GOTOB，LCYCL 或 SIN 等
10	光标/翻页	按向上三角键，则光标向上移动一行，若同时按“上档”键，则向上翻页 按向下三角键，则光标向下移动一行，若同时按“上档”键，则向下翻页 按向左三角键，则光标向左移动一个字符 按向右三角键，则光标向右移动一个字符
11	选择转换	当屏幕上出现带有 U 作为尾缀的数据时，只有按该按键才可以对其进行修改。该按键在用户编程和操作时一般不用
12	回车	按该按键，对其输入的内容进行确认。编程时按该按键光标另起一行
13	INS 空格	按该按键，则在光标处输入一个空格
14	上档	按住该按键，在同时按双字符键，则将双字符键左上角对应的字符输入到操作区

（三）SIEMENS 系统屏幕画面介绍

SIEMENS 802C/S 系统的屏幕划分如图 5－36 所示。

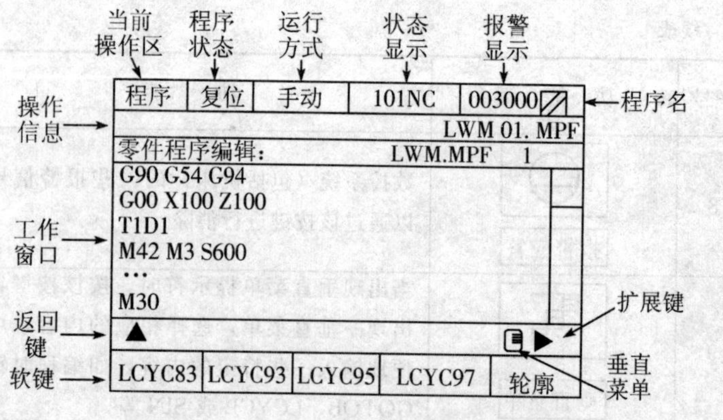

图 5-36 SIEMENS 802C 系统屏幕划分

(1) 当前操作区域有 5 类，即加工、参数、程序、通信和诊断。需进入不同的操作区时，首先按 区域转换 键，返回主菜单，再选择相应的软键即可。

(2) 程序状态有程序停止、程序运行和程序复位 3 种。

(3) 运行方式有点动方式 (JOG)、手动数据输入方式 (MDI) 和自动方式 (Auto) 3 种。

(4) 在自动运行或手动操作过程中，按下软键［数据设定］可以对操作状态进行控制，状态显示的符号及其含义见表 5-3 所列。

表 5-3 SIEMENS 802C 系统操作状态显示的符号及其含义

序号	符号	含 义
1	SKP	程序段跳跃：跳跃的程序段在其段号之前用一斜线表示，这些程序段在程序运行时将跳过不执行
2	DRY	空运行：坐标轴在运行时将执行其设定的数据“空运行进给速度”中规定的进给值
3	ROV	快速修调：“进给速度修调倍率”旋钮对于快速运行也有效
4	SBL	单段运行（此功能只有处于程序复位状态时才可选择）：每个程序段逐段解码，每段结束时有一暂停（没有空运行进给的螺纹程序段除外）

续表

序号	符号	含 义
5	M1	暂停有效：当程序运行到有 M1 指令的程序段时暂停运行，此时屏幕显示"5 停止 M00/M01 有效"，可以按"循环启动"键继续程序的运行
6	PRT	程序测试有效：主要用于空运行时检测程序，程序运行时 X 轴、Z 轴无动作
7	1～1000	步进增量：在 JOG 运行方式下，选择增量进给时的增量单位

（四）SIEMENS 系统菜单树

本系统主要的软件功能菜单如图 5 - 37 所示，可以通过该图来熟悉 SIMENS 802C/S 系统的大部分功能。

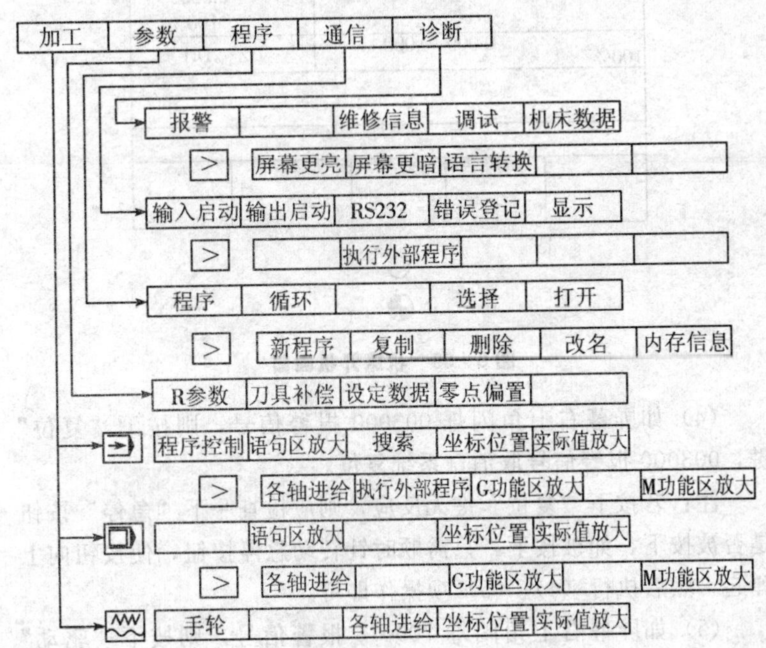

图 5 - 37 SIEMENS 802C/S 系统的菜单树

（五）SIEMENS 系统机床操作

1. 开机流程

（1）检查机床和 CNC 系统各部分初始状态是否正常。

（2）将机床侧面电器柜上的电源开关向上扳到“ON”位置，接通机床电源。

（3）按下机床面板上的绿色“电源开”按钮，数控系统开始启动，系统引导内容完成后，显示如图 5－38 所示的开机画面。

参数	复位	手动REF	003000
停止：方式组未就绪			LWM.MPF
参考点		mm	F:mm/min
X ○		0.000	实际： 0.000
Z ○		0.000	编程： 0.000
SP ○		0.000	100%
S 100%	0.000	0.000	T:2 D:1

图 5－38 机床开机画面

（4）如屏幕右上角闪烁 003000 报警信号，则按下“复位”键，003000 报警信号取消，系统复位。

注：若按下“复位”键无反应，则应检查一下“急停”按钮是否被按下，如被按下，只需顺时针转动急停按钮，使按钮向上弹起，然后执行（4）、（5）项操作即可。

（5）如屏幕右上角闪烁 700016 报警信号，则按下“驱动”按钮。700016 报警取消，驱动指示灯亮。至此，开机过程结束，屏幕为“回参考点”窗口，接下来就可进行返回参考点操作。

2. 返回参考点（简称“回零”）

（1）*X* 轴、*Z* 轴回参考点

①先将“进给速度修调倍率”旋钮上的箭头指向 100%。

②按下“回参考点”键，进入“回参考点”窗口（见图 5-38），在该窗口中，画面上“○”表示坐标轴未回到参考点，“◐”则表示坐标轴已经返回参考点。

③一直按住“+*X*”键，使刀架向 X 轴正向移动，当机床减速开关被压下后，刀架减速并向相反方向运动直至停止。这时，屏幕上的 X 轴图标由“○”变成“◐”，表示 X 轴已经回到参考点。

④按照同样的方法，使 Z 轴返回参考点。

⑤选择“JOG”（即手动）运行方式，结束回参考点状态，并按住“-*X*”、“-*Z*”键，使刀架回移，离开机床的极限位置。

（2）SP（主）轴回参考点

采用人工方式或手动运行方式转动卡盘，使 SP 轴回参考点（如机床无角度测量功能，SP 轴可不回参考点）。

所有轴回参考点后，屏幕显示如图 5-39 所示画面。

参数	复数	手动REF	
			LWM.MPF
参考点		mm	F:mm/min
X ◐		100.000	实际： 0.000
Z ◐		430.000	编程： 0.000
SP ◐		0.000	100%
S 100%	0.000	0.000	T : 2 D : 1

图 5-39 机床返回参考点后显示画面

（3）“回参考点”时的注意事项

①开机后，首先应进行“机床回参考点”操作，机床坐标系的建立必须通过该操作来完成。

②即使机床已经回过参考点，如出现下列 3 种情况时，必须重新进行“回参考点”操作。

a. 机床断电后重新接通电源。

b. 机床解除急停状态后。

c. 机床超程报警解除后。

③在回参考点操作之前，刀架通常应位于减速开关和负限位开关之间，以使机床在返回参考点过程中找到减速开关。

④在 X 轴、Z 轴回参考点过程中，如果选择了错误的回参考点方向，刀架则不会移动。

⑤在 X 轴、Z 轴回参考点过程中，注意不要发生任何碰撞。

⑥在回参考点过程中，若松开了 X 轴或 Z 轴正向“点动”键，机床则会停止动作。这时，若改变运行方式（JOG、MDI 或 Auto），系统将显示 016907 报警。按“复位”键或“报警应答”键，即可消除其报警信号。

⑦当刀架已减速并向相反方向运动时，松开 X 轴或 Z 轴正向“点动”键，则机床停止运动，并显示 020005 报警，表示回参考点失败。按“复位”键即可消除其报警。然后再按住 X 轴或 Z 轴正向点动键，直到刀架运动完全停止。

3. 关机流程

（1）按“加工显示”键，回到主界面。

（2）卸下工件和刀具。

（3）在“JOG”运行方式下，将刀架移动到安全位置。

（4）按下“电源关”按钮，关机床面板上的系统电源。

（5）关机床侧面的机床电器柜电源。

（6）清洁、保养工作。

4. JOG（手动）运行方式

按[区域转换]键返回主菜单，按“JOG”键进入手动运行方式后，屏幕显示图 5 - 40 所示窗口。

加工	复位	手动		
				DEMO01.MPF
机床坐标	实际	再定位 mm		F:mm/min
X	64.000	0.000		实际：0.000
Z	370.000	0.000		编程：0.000
SP	0.000	0.000		100%
S 100%	0.000	0.000		T : 1 D : 1
手轮方式		各轴进给	工件坐标	实际值放大

图 5 - 40 JOG 运动方式显示窗口

在这种方式下，主要可以进行以下几种操作。

(1) 按下任意一“点动”键可以使刀架沿相应的轴向移动；如同时按下 *X*、*Z*“点动”键，则刀架向两个方向同时移动；只要按键不松开，相应坐标轴就一直保持移动。刀架移动速度可以通过“进给速度修调倍率”旋钮随时调节。

(2) 按住某轴“点动”键不松开，同时按“快速运行”键，可以使刀架沿该轴快速移动。

(3) 按“增量选择”键，进入增量模式并选择步进增量后，每按一次“点动”键，刀架向相应方向移动一个步进增量，这种方式对精确调节坐标位置有较大帮助。按“JOG”键结束增量模式，返回手动运行方式。

(4) 在 JOG 窗口中，还可以按软键进入［手轮方式］（见图

5-41)。

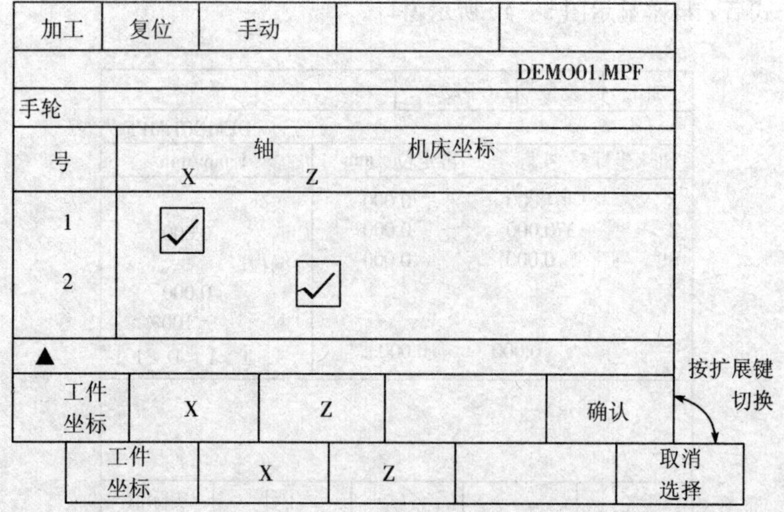

图 5-41 手轮窗口

选用手轮时，先用“光标/翻页”键定位到所选号，然后按［X］或［Z］软键，则在相应位置出现“√”，最后［确认］选择。

取消手轮时，先用“光标/翻页”键定位到所选“号”，然后按［取消选择］软键，则在相应位置的“√”消失。

(5) 在这种运行方式下，还可以按“转刀”键进行手动转刀。但这种情况下的转刀，不调用刀具参数，屏幕上的刀具号也不会改变。例如，原来屏幕上显示的是 T1D1，虽手动转了 2 号刀，但屏幕上仍然显示原来的 T1D1。

5. MDI（手动数据输入）运行方式

在这种方式下，可以输入程序段并执行其内容。

先按“MDI”键进入手动数据输入运行方式，然后按“加工显示”键进入图 5-42 所示窗口。

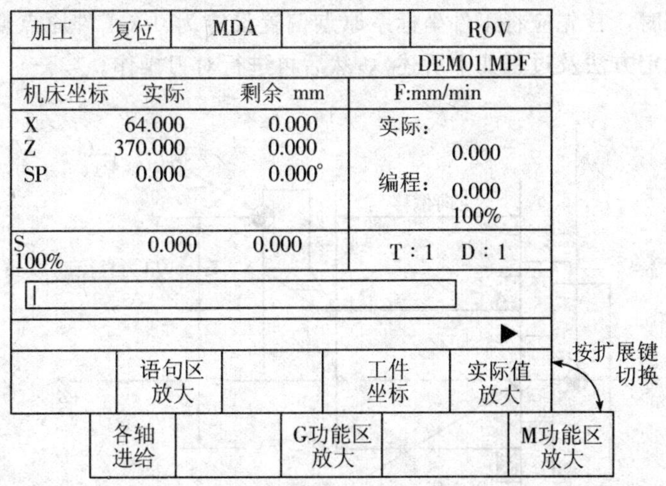

图 5-42 MDI 显示窗口

如在 MDI 窗口的命令行中，输入 T2 并按“循环启动”键，刀架将自动转到 2 号刀位，系统同时自动调用相应的刀具参数，屏幕上的刀具显示也改成了 T2D1。该程序段执行完毕后，命令行中的内容仍然保留，并可重复执行，直至输入新的内容替换它。

在 MDI 方式下，不能加工由多个程序段描述的轮廓（如固定循环及倒圆、倒角等）。

注：MDI 运行方式的前提条件及安全锁定功能与自动方式（后叙）一样。

6. 工件装夹

根据加工要求，完成工件的正确装夹，并用百分表进行找正。

7. 刀具装夹

根据要求，安装刀具。安装过程中注意刀具的安装角度及松紧程度。

8. 对刀操作与零点偏置的设定

对刀操作如图 5-43 所示，该机床的机床原点设在卡盘中心，当使用刀具长度补偿（即刀具偏移）作为设定工件坐标系的方法时，首先应将工件坐标系原点偏置设定为 0（工件原点偏置的设定方法及过程如下所述），然后再进行对刀操作。

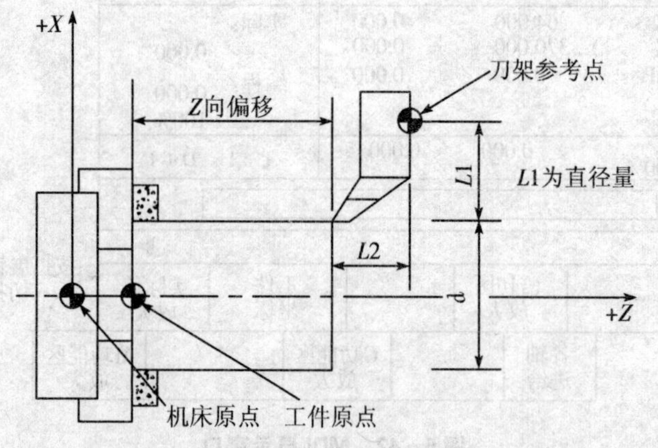

图 5－43　对刀操作

（1）机床原点偏置（即零点偏移）的设定

①按下 区域转换 键返回主菜单。

②按［参数］功能键进入 *R* 参数设置窗口（见图 5－44）。

参数	复位	手动		
				LWM.MPF
R参数				
R0	0.000000		R7	0.000000
R1	0.000000		R8	0.000000
R2	0.000000		R9	0.000000
R3	0.000000		R10	0.000000
R4	0.000000		R11	0.000000
R5	0.000000		R12	0.000000
R6	0.000000		R13	0.000000
R参数	刀具 补偿	设定 数据	零点 偏移	

图 5－44　R 参数设置窗口

③选择［零点偏移］，进入零点偏移窗口（见图 5-45）。

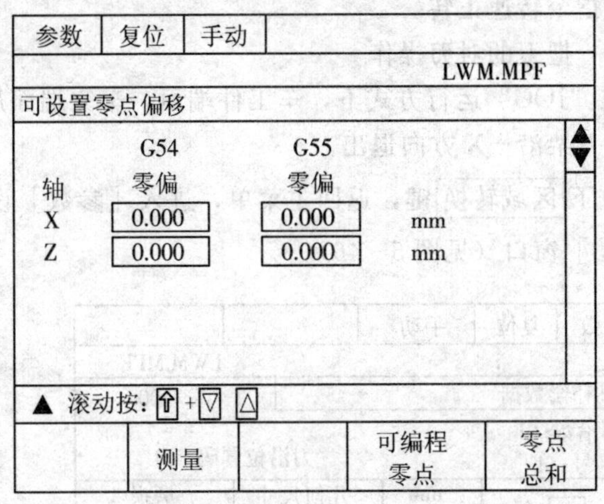

图 5-45 零点偏置窗口

④把光标移到待修改的输入区。

⑤输入数值“0”，按 回车 键确认，如果不按 回车 键，直接按 返回 键，则不确认零点偏置，返回上一级菜单。

⑥按 向下翻页 可以显示下一页零点偏置窗口 G56 或 G57 等，将其值设置为零。

（2）对刀操作及刀具补偿值的设置

假设刀架上装有 4 把刀，分别是 1 号外圆车刀，2 号螺纹车刀，3 号切断刀和 4 号内孔车刀。其对刀操作与刀具补偿参数设置过程如下。

①在“JOG”运行方式下手动转刀在“JOG”运行方式下，按“点动”键，调整刀架位置，以保证转刀安全。按“转刀”键，把 1 号刀转到当前位置。

②在“MDI”运行方式下开主轴在“MDI”运行方式下，输入“M03 S500”，接着按“循环启动”键，再根据屏幕提示将

“高低挡扳手”往上扳到高速挡位置，然后按“换挡确认”键，使主轴按指令转速正转。

③第一把刀的对刀操作

a. 在“JOG”运行方式下，车工件端面，车完端面后保持Z轴不动，刀架沿+X方向退出。

b. 按下区域转换键，返回主菜单，进入［参数］设置中的［刀具补偿］窗口（见图5-46）。

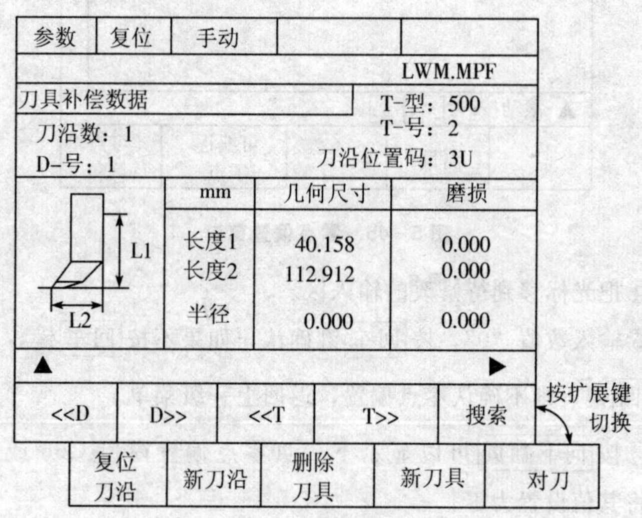

图5-46 刀具补偿窗口

c. 按［≪T］或［≫T］调整刀具号，选择T1。

d. 按扩展键，然后按［对刀］键，进入X轴对刀窗口（见图5-47）。按［轴+］键，进入Z轴对刀窗口（见图5-48）。

e. 直接按［计算］，然后按［确认］，系统自动计算出补偿值，并存入相应的刀补寄存器中。以上对刀时确定的工件坐标系原点在右端面上，如果工件坐标系原点在卡盘一侧的左端面上，则在偏移参数中输入工件长度后，再按［计算］、［确认］。至此，

1 号刀在 Z 方向的对刀完成。

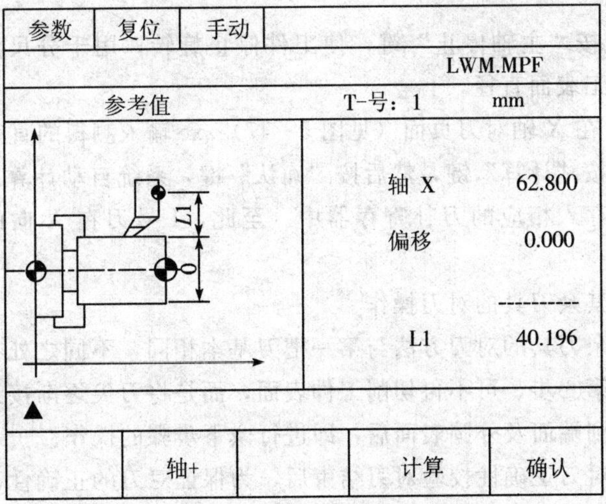

参数	复位	手动		
			LWM.MPF	
参考值		T-号：1	mm	
		轴 X	62.800	
		偏移	0.000	
		L1	40.196	
▲				
	轴+		计算	确认

图 5-47　X 轴对刀窗口

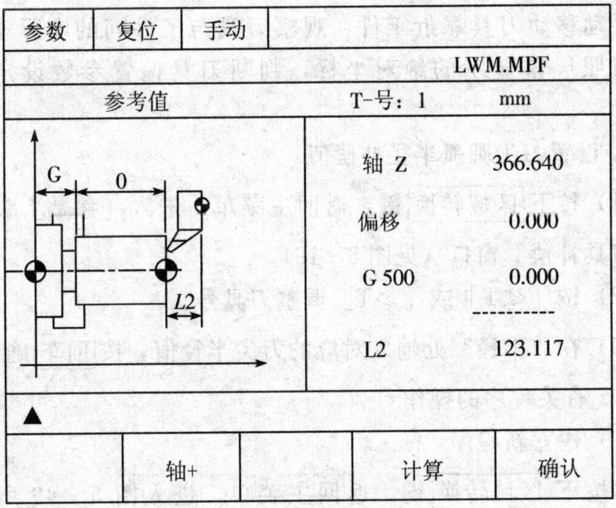

参数	复位	手动		
			LWM.MPF	
参考值		T-号：1	mm	
		轴 Z	366.640	
		偏移	0.000	
		G 500	0.000	
		L2	123.117	
▲				
	轴+		计算	确认

图 5-48　Z 轴对刀窗口

f. 车工件外圆约5mm，然后保持 X 轴不动，沿 $+Z$ 方向退出。

g. 按“主轴停止”键，使工件停止旋转，用千分尺测量工件已加工表面直径。

h. 在 X 轴对刀页面（见图5-47）zxc输入测得的直径值。

i. 按“计算”键，然后按“确认”键，系统自动计算出补偿值，并存入相应的刀补寄存器中。至此，1号刀在 X 向的对刀完成。

④其余刀具的对刀操作

其余刀具的对刀方法与第一把刀基本相同，不同之处在于第①步和第⑥步，可不再切削工件表面，而是将刀尖逐渐接近并分别接触到端面及外圆表面后，即进行余下步骤的操作。

⑤对刀正确性校验对刀结束后，为保证对刀的正确性，要进行对刀正确性的校验工作，具体步骤如下。

在MDI方式下选刀，并调用刀具偏置补偿；在 POS 画面下，手动移动刀具靠近工件，观察刀具与工件间的实际相对位置；对照屏幕显示的绝对坐标，判断刀具偏置参数设定是否正确。

9. 设置刀尖圆弧半径补偿值

（1）按下 区域转换 键，返回主菜单，进入［参数］设置中的［刀具补偿］窗口（见图5-19）。

（2）按［≪T］或［≫T］调整刀具号。

（3）在“半径”处输入对应的刀尖半径值，按 回车 确认。

10. 有关程序的操作

（1）建立新程序

①按下 区域转换 键，返回主菜单，进人图5-49所示的［程序］操作区。

②按[扩展]键，然后按［新程序］，屏幕中出现建立新程序对话窗口，在该窗口中输入新程序名，如“LWM01”。

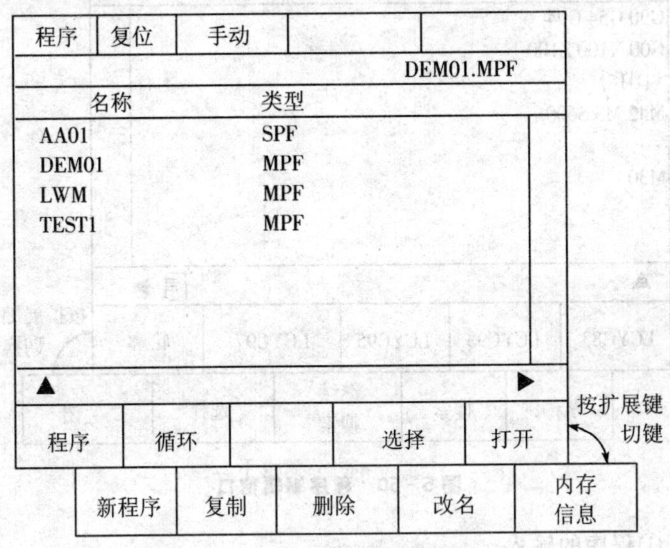

图 5－49　程序操作区画面

③按［确认］键，生成新程序名为“LWM01”的主程序文件，自动转入程序编辑页面，即可进行程序的编辑操作。

（2）打开或删除原程序

①按下[区域转换]键，返回主菜单，进入图 5－50 所示的［程序］操作区。

②移动光标键，移动到要打开或删除的程序名上。

③按[扩展]键，然后按［打开］或［删除］，即可完成该程序打开或删除操作。

（3）程序的输入与编辑

程序的输入窗口如图 5－50 所示，程序的编辑操作过程如下。

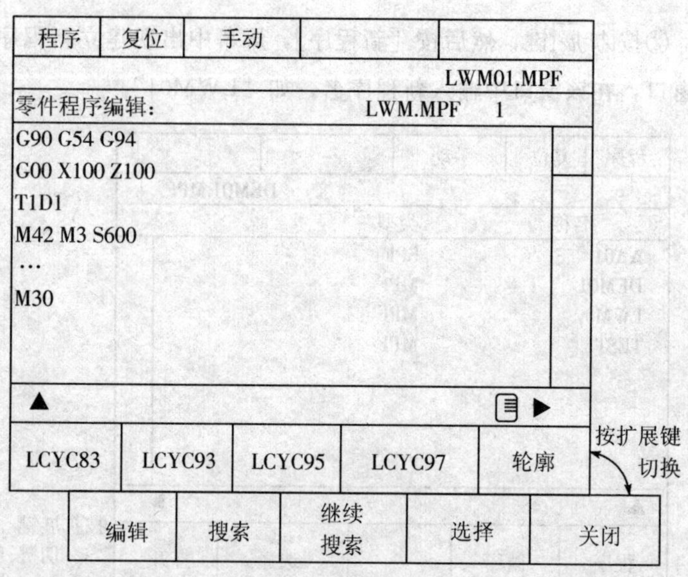

图 5-50 程序编辑窗口

①程序的输入

例 LWM [回车];

G90 G54 G94 [回车];

G00 X100 Z100 [回车];

T1D1 [回车];

M42 M3 S600 [回车];

… [回车];

M30 [回车];

输入完成后，用［关闭］键结束程序的输入与编辑。

②程序的编辑

如果发现程序中有个别字符错误，只需把光标定位到该字符的右侧，然后用删除键删除错误，再重新输入即可。

在［编辑］子菜单中，可以使用程序段的［标记］、［删除］、［复制］和［粘贴］功能。

在［搜索］子菜单中，可以对指定的文本或行号进行搜索定位。

③程序编辑时的注意事项

a. 零件程序未处于执行状态时，方可进行编辑。

b. 如果要对原有程序进行编辑，可以在“程序页面”用光标选择待编辑的程序，然后选择［打开］，就可以进行编辑了。

c. 零件程序中进行的任何修改，均立即被存储。

（4）辅助编程

辅助编程有“垂直菜单”、“循环”和“轮廓”3种方式。

①垂直菜单

在程序编辑过程中可以通过垂直菜单，很方便的直接插入NC指令。

a. 程序编辑页面，按垂直菜单，出现图5-51所示窗口。

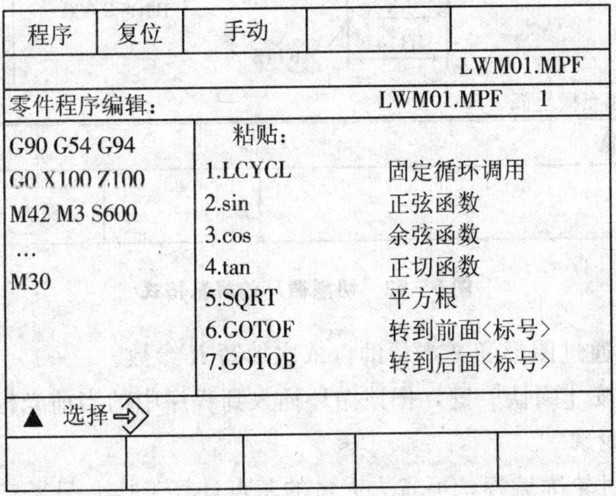

程序	复位	手动		

LWM01.MPF

零件程序编辑：　　LWM01.MPF　1

	粘贴：	
G90 G54 G94	1.LCYCL	固定循环调用
G0 X100 Z100	2.sin	正弦函数
M42 M3 S600	3.cos	余弦函数
…	4.tan	正切函数
M30	5.SQRT	平方根
	6.GOTOF	转到前面〈标号〉
	7.GOTOB	转到后面〈标号〉

▲ 选择⇨

图5-51　垂直菜单窗口

b. 将光标移到需要的指令行上面，按[回车]键确认后，即将指令行的内容输入到程序中，或者通过行号数字 1～7 选择相应的指令行，并输入到程序中。

②循环

加工循环可以在程序编辑窗口进行手动输入，但通过“屏幕格式”输入更直观、方便，也更容易保证其准确性。

a. 在程序编辑窗口，选择［LEYC93］，进入图 5-52 所示的“屏幕格式”。

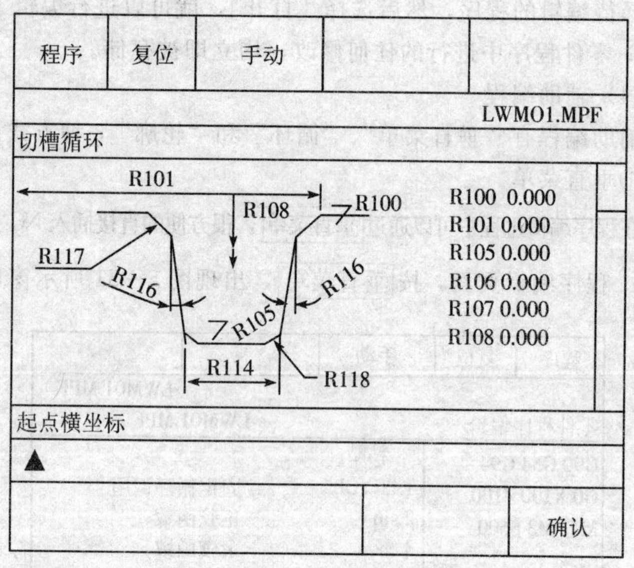

图 5-52　切削循环的屏幕格式

b. 通过图形和文本帮助，依次填写 *R* 参数。

c. 按［确认］键，把该循环插入到程序中的当前光标处。

③轮廓

通过轮廓编程，可省去大量的基点计算工作。只需在屏幕格式中填入必要的参数后，即可快速、可靠的编制加工程序。

11. Auto（自动）运行方式

在这种方式下，加工程序可以完全自动执行至结束。使用该功能之前，一定要先做好以下各项检查工作。

①机床刀架必须回参考点。

②待加工零件的加工程序已经输入，并调试确认无误。

③加工前的其他准备工作均已就绪，如参数设置、对刀及刀补。

④必要的安全锁定装置已经启动。

（1）自动加工的操作过程

①打开需要自动运行的程序，按“Auto”键进入自动运行方式。

②按 加工显示 键进入图 5－53 所示的窗口。

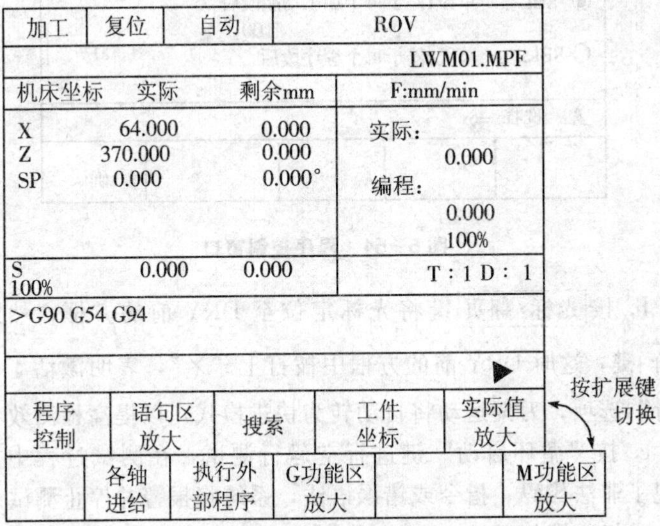

加工 | 复位 | 自动 | ROV
LWM01.MPF
机床坐标 实际 剩余mm | F:mm/min
X 64.000 0.000
Z 370.000 0.000
SP 0.000 0.000°
实际：0.000
编程：0.000
100%
S 100% 0.000 0.000 | T：1 D：1
>G90 G54 G94
▶
程序控制 | 语句区放大 | 搜索 | 工件坐标 | 实际值放大
按扩展键切换
各轴进给 | 执行外部程序 | G功能区放大 | M功能区放大

图 5－53 自动运行加工窗口

③按“循环启动”键，进入自动加工。

在加工过程中，不但可以通过 Auto 窗口，观察到当前刀尖的坐标位置（机床/工件）、剩余行程、当前进给速度、主轴转速和当前刀具，还可以观察正在执行及待执行的程序段。

(2) 程序的调试

①空运行调试

a. 在 Auto 窗口（见图 5－54），按［程序控制］键，进入图 5－54 所示的程序控制窗口。

加工	复位	自动	ROV

LWM.MPF

程序控制

□ SKP 段跳跃

□ DRY 空运行

☒ ROV 快速修调

□ M1 编程停止

□ PRT 程序测试有效

◉ SBL 单段1停于每个加工功能段后

○ SBL2 单段2停于每个程序段后

▲ 选择:

				确认

图 5－54 程序控制窗口

b. 按 光标/翻页 键将光标定位至 DRY 前的方框，然后按 回车 键，这时 DRY 前的方框中被打上“×”，表明激活了“空运行”选项，刀架运动将自动转为快进模式，以提高检测效率。

c. 按“循环启动”键进行空运行测试，在测试过程中如果出现了非法代码、指令或错误语法，系统将报警并停止测试。

②机床锁住调试

a. 激活“程序测试有效”选项用。

b. 按“循环启动”进行机床锁住测试。

在机床锁住调试程序的过程中，程序能自动运行，并能正常执行 M、S、T 功能，屏幕坐标值也照常变化，但刀架不作移动。

程序调试完毕后，应进入“程序控制窗口”将“空运行”和“程序测试有效”两个选项取消，否则不能进行自动加工。

（3）程序自动运行过程中的中断处理

在自动加工过程中，操作者有时必须中断程序的自动运行，进行一些必要的处理。例如：切屑缠绕工件影响加工、发现后续程序有错误或刀具发生崩刃等。碰到这些情况，可以有 3 种处理方法。

①解决切屑缠绕问题

a. 在加工过程中按“循环暂停”键，这时，系统会自动记录中断点的坐标位置（不显示），程序同时停止运行，但主轴仍然保持转动。

b. 按“JOG”键，切换到手动运行方式；按“点动”键，使刀尖离开加工位置；按“主轴停止”键，使主轴停止转动，然后去屑。

c. 按“主轴正转”键，恢复主轴转速；按“点动”键，将刀尖移到加工位置附近。

d. 按“Auto”键，返回自动加工状态；按“循环启动”键，刀具将自动按原记录中的中断点坐标到达该位置，然后继续程序的运行。这时，机床会以切削加工速度慢慢移动到加工位置，然后程序继续往下运行。

②程序重新运行

在加工过程中按“复位”键，机床（包括主轴、刀架、冷却等）停止运行，光标返回程序开头。故障解除后直接按“循环启动”键，程序将从头开始重新运行。这种方法会造成空切，浪费加工时间。

③使用断点搜索

a. 在加工过程中按“复位”键；故障解除后，按 区域转换键、加工显示键，返回 Auto 窗口；按［搜索］键，进入断点搜索窗口（见图 5－55）。

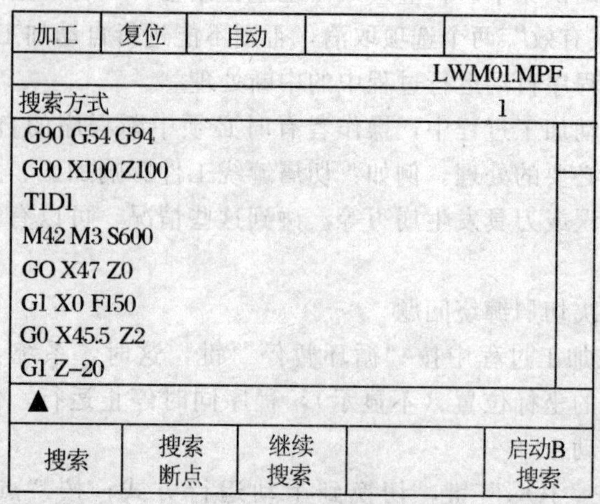

图 5－55 断点搜索窗口

b. 按［搜索断点］键，系统自动搜索断点，光标停留在断点所在程序段；按［启动 B 搜索］键，装载断点。

c. 按“循环启动”键，对屏幕出现的报警不予理睬；再按一次“循环启动”键，程序将从断点的前一个程序段恢复加工。

采用“断点搜索”加工时，要特别注意程序执行前机床的状态，必要时要修改有关程序段（如增加开主轴、开冷却等功能），保持执行程序时的连续性。

12. 其他操作

在 SIEMENS 802C 系统的屏幕操作中，除了上述操作外，还能进行［报警］、［维修信息］、［调试］、［机床数据］、［口令］、［语言转换］等按键的操作。具体的操作过程请参阅与机床配套的操作说明书。

13. 机床通信

（1）传输线的连接

传输线的连接（见图 5－56）方法常用以下两种。

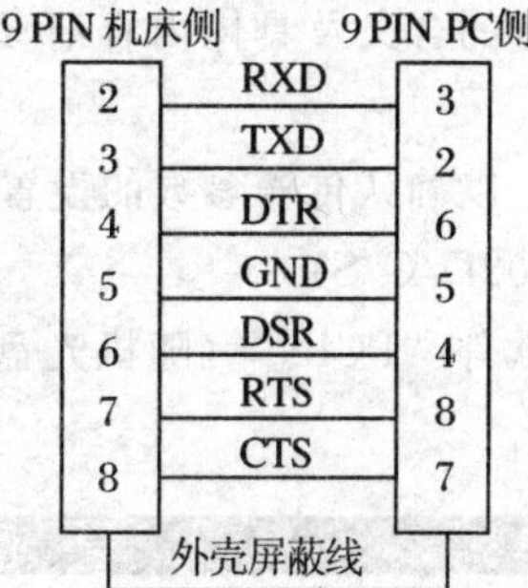

(a) 9 针与 9 针相连

25 PIN 机床侧	9 PIN PC侧
2	2
3	3
7	5
22	9
4、5	7、8
6、8	6、1
20	4

外壳屏蔽线

(b) 9 针与 25 针相连

图 5－56　机床传输线接线图

（2）机床传输参数的设定

①按 区域转换 键，返回主菜单；按软键［通信］进入通信操作区。

②按软键［RS232 设置］进入图 5－57 所示传输参数设置画面。

通信	复位	手动		
设定值:		RS232 文本		
参数		特殊功能		
设备	RTS/CTSU	XON后开始	N U	
波特率	9600 U	确认覆盖	Y U	
停止位	1 U	CRLF为段结束	Y U	
奇偶	Nonc U	遇EOF停止	Y U	
数据位	8 U	测DRS信号	N U	
XON(Hex)	11	前后引导	N U	
XOFF(Hcx)	13	磁带格式	Y U	
传输结束	1a	时间监视	N U	
▲				
RS232 文本				确认

图 5－57　传输参数设置圆面

③采用[选择/转换]键进行数据切换或直接用光标进行修改的办法进行传输参数的设置。各传输参数的含义及具体内容请参阅系统的使用说明书。

④参数设置完成后按［确认］键，以确认传输参数的设置。

（3）电脑传输软件参数的设定（802D/C/S）

①在电脑上打开西门子系统传输软件“PCIN”（随机光盘中自带），出现图 5-58 所示操作主界面。

图 5-58　传输软件“PCIN”操作主界面

②单击“RS232 Config”按钮进入设置主界面。按提示进行参数设置。其设置的值应与机床中的参数相同，设置完成后保存设置参数并返回主界面。

（4）程序的输入

在程序传输的过程中，一般是哪一侧要输入，则哪一侧先操作，具体操作过程如下。

①按机床面板上的[区域转换]键，返回主菜单，按软键［通信］，进入通信操作区。

②按［输入启动］，进入数据传输画面。

③在电脑传输软件主界面上按“Send Data”，进入发送界面，找到要传输的程序（见图5－59）并打开，即开始传输程序。

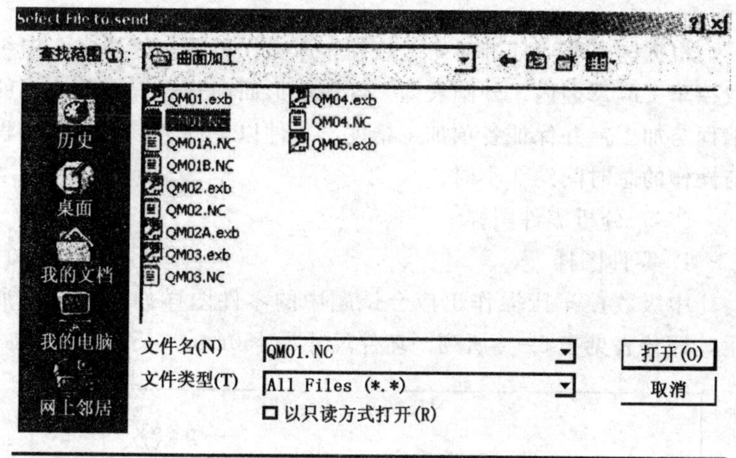

图5－59 加工程序的传输界面

④传输完成后，注意比较一下电脑和机床两端的数据。如果数据一致，则表明传输成功。

（5）程序的输出

程序的输出操作与输入操作相似，操作过程略。

（六）工件的检测

卸下工件并对工件进行检测。如有不合理项，则应逐项进行检查，并分析误差产生的原因。

（七）机床保养

加工完成后，应仔细清理现场，并对机床认真进行保养。

（八）数控机床安全操作规程

SIEMENS数控机床安全操作规程请参阅FANUC数控系统的相关内容，本处略。

第三节　数控车床编程与加工实例

一、中级数控车工编程与加工实例

根据国家职业标准对中级数控车床操作工的技能要求，中级数控车工应掌握内、外圆表面，圆弧成形面和普通螺纹等内容的编程与加工，并保证各项加工精度。工件以单件考核为主，编程与操作的总时间约 3 小时。

（一）分析零件图样

1. 零件图样

中级数控车床操作工应会试题中的零件图样如图 5－60 所示，评分表见表 5－4 所列。坯件尺寸为 ϕ50mm，长 85mm。

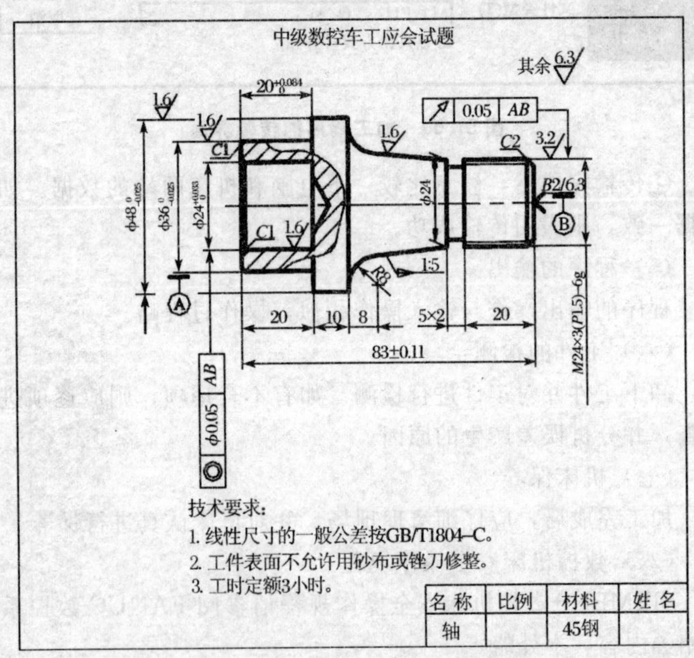

图 5－60　中级数控车床操作工应会试题

表 5-4　　中级数控车床操作工应会试题评分表

工件编号				总得分			
配分比例	项目	序号	技术要求	配分	评分标准	检测记录	得分
工件评分（70%）	外形	1	$\phi48^{0}_{-0.025}$	6	超差全扣		
		2	$\phi36^{0}_{-0.025}$	6	超差全扣		
		3	$20^{+0.084}_{0}$	3	超差全扣		
		4	83±0.11	6	超差全扣		
		5	同轴度 ϕ0.05	2	超差全扣		
		6	*R*（±0.05）	3	超差全扣		
		7	锥度 1∶5（±3′）	3	超差全扣		
		8	圆弧光滑连接	1	不合格全扣		
		9	$R_a1.6$	5	每处扣 1 分		
	切槽	10	5×2（±0.3）	3	超差全扣		
		11	$R_a6.3$	2	每处扣 1 分		
	车内孔	12	$\phi24^{+0.033}_{0}$	6	超差全扣		
		13	同轴度 ϕ0.05	3	超差全扣		
		14	$R_a1.6$	2	每处扣 1 分		
	螺纹	15	M24×3(P1.5)－6g	6	不合格全扣		
		16	$R_a3.2$	2	每处扣 1 分		
		17	圆跳动 0.05	5	超差全扣		
	其他	18	一般公差	4	每处超差扣 1 分		
		19	倒角	2			
程序与机床操作（30%）	程序	20	程序规范、合理、正确	20	不规范每处扣 2 分		
	操作	21	工件及刀具安装正确，机床操作规范	10	不规范每次扣 3 分		

续表

工件编号				总得分			
配分比例	项目	序号	技术要求	配分	评分标准	检测记录	得分
其他	安全	22	安全文明操作	倒扣	不规范每次扣 3 分		
		23	现场整理				

2. 精度分析

(1) 尺寸精度

本例中精度要求较高的尺寸主要有：外圆 $\phi48^{0}_{-0.025}$、$\phi36^{0}_{-0.025}$，内孔 $\phi24^{+0.033}_{0}$，长度 $10^{+0.084}_{0}$、83±0.11 和螺纹的中径 $[d2(^{-0.032}_{-0.182})]$ 等。

对于尺寸精度要求，主要通过在加工过程中的准确对刀、正确设置刀补及磨耗，以及正确制订合适的加工工艺等措施来保证。

(2) 形位精度

本例中主要的形位精度有：外圆 $\phi48$ 轴线对组合基准轴线 AB 的同轴度公差及螺纹轴线对 AB 轴线的圆跳动公差。

对于形位精度要求，主要通过调整机床的机械精度，制订合理的加工工艺及工件的装夹、定位与找正等措施来保证。

(3) 表面粗糙度

本例中，加工后的表面粗糙度要求为 $R_a1.6\mu m$，螺纹的粗糙度为 μm，切槽与其他表面的粗糙度为 $R_a6.3\mu m$。

对于表面粗糙度要求，主要通过选用合适的刀具及其几何参数，正确的粗、精加工路线，合理的切削用量及冷却等措施来保证。

(二) 加工工艺分析

1. 编程原点的确定

由于工件在长度方向的要求较低，根据编程原点的确定原则，该工件的编程原点取在完工工件的右端面与主轴轴线相交的交点上。

2. 制订加工方案及加工路线

(1) 选择数控机床及数控系统

根据工件的形状及加工要求，选用 CK6132 数控车床（前置刀架）进行本例工件的加工。数控系统选用 FANUC 0i－TA 或 SIEMENS 802C。

(2) 制订加工方案与加工路线

本例采用两次装夹后完成粗、精加工的加工方案，先加工左端内、外形，完成粗、精加工后，调头加工另一端。

进行数控车削加工时，加工的起始点定在离工件毛坯 2mm 的位置。尽可能采用沿轴向切削的方式进行加工，以提高加工过程中工件与刀具的刚性。

3. 工件的定位、装夹与刀具的选用

(1) 工件的定位及装夹

工件采用三爪卡盘进行定位与装夹。当调头加工另一端时，采用一夹一顶的装夹方式。

工件装夹时的夹紧力要适中，既要防止工件的变形与夹伤，又要防止工件在加工过程中产生松动。工件装夹过程中，应对工件进行找正，以保证工件轴线与主轴轴线同轴。

(2) 刀具的选用

本例选用图 5－61 所示的几种刀具。

(a) T01、T02 号 90°外圆车刀

(b) T03 号外切槽刀

(c) T04 号普通螺纹车刀

(d) T05 号盲孔车刀

图 5－61　刀具的选用

根据实习条件，可选用整体式或机夹式车刀，4 种刀具的刀片材料均选用硬质合金。

4. 确定加工参数

加工参数的确定取决于实际加工经验、工件的加工精度及表面质量、工件的材料性质、刀具的种类及形状、刀柄的刚性等诸多因素。

（1） 主轴转速（n）

硬质合金刀具材料切削钢件时，切削速度 v 取 80m/min～220m/min，根据公式 $n=1000v/\pi D$ 及加工经验，并根据实际情况，本课题粗加工主轴转速在 400r/min～1000r/min 内选取，精加工的主轴转速在 800r/min。2000r/min 内选取。

（2） 进给速度（F）

粗加工时，为提高生产效率，在保证工件质量的前提下，可选择较高的进给速度，一般取 100mm/min～200mm/min，当进行切槽、切断、车孔加工或采用高速钢刀具进行加工时，应选用较低的进给速度，一般在 50mm/min～100mm/min 内选取。

精加工的进给速度一般取粗加工进给速度的 1/2。

刀具空行程的进给速度一般取 G00 速度，或在 G01 时选取 F800mm/min～F1500mm/min。

（3） 背吃刀量（a_p）

背吃刀量根据机床与刀具的刚性及加工精度来确定，粗加工的背吃刀量一般取 2mm～5mm（直径量），精加工的背吃刀量等于精加工余量，精加工余量一般取 0.2mm～0.5mm（直径量）。

5. 轮廓基点坐标的计算

基点坐标常用的计算方法有数值计算法和 CAD 软件作图找点。通过以上的方法计算出图 5－60 中 R8 圆弧两切点（右和左）的坐标分别为（28.16，－45.8）和（44.08，－53.0）。

6. 制订加工工艺

通过以上分析，本课题的加工工艺列于表 5－5 中。

表 5-5　　　　数控加工工艺卡

<table>
<tr><td rowspan="2">（厂名）</td><td rowspan="2" colspan="2">数控加工
工艺卡片</td><td>产品代号</td><td colspan="2">零件名称</td><td>零件图号</td></tr>
<tr><td></td><td colspan="2"></td><td></td></tr>
<tr><td>工艺序号</td><td>程序编号</td><td>夹具名称</td><td>夹具编号</td><td colspan="2">使用设备</td><td>车间</td></tr>
<tr><td></td><td></td><td></td><td></td><td colspan="2"></td><td></td></tr>
<tr><td>工步号</td><td>工步内容（加工面）</td><td>刀具号</td><td>刀具规格</td><td>主轴转速</td><td>进给速度</td><td>背吃刀量</td></tr>
<tr><td>1</td><td>手动钻孔</td><td></td><td>ϕ22 钻头</td><td>250</td><td>50</td><td></td></tr>
<tr><td>2</td><td>手动加工左端面（含 Z 向对刀）</td><td>T01</td><td>外圆粗车刀</td><td>600</td><td>200</td><td>0.5</td></tr>
<tr><td>3</td><td>粗加工左端内轮廓</td><td rowspan="2">T05</td><td rowspan="2">盲孔车刀</td><td>500</td><td>100</td><td>1.0</td></tr>
<tr><td>4</td><td>精加工左端内轮廓</td><td>1000</td><td>50</td><td>0.15</td></tr>
<tr><td>5</td><td>粗加工左端外圆轮廓</td><td>T01</td><td>外圆粗车刀</td><td>600</td><td>200</td><td>1.5</td></tr>
<tr><td>6</td><td>精加工左端外圆轮廓</td><td>T02</td><td>外圆精车刀</td><td>1200</td><td>80</td><td>0.15</td></tr>
<tr><td>7</td><td>掉头手动加工右端面</td><td rowspan="2">T01</td><td rowspan="2">外圆粗车刀</td><td>600</td><td>150</td><td>0.5</td></tr>
<tr><td>8</td><td>粗加工右端外圆轮廓</td><td>600</td><td>200</td><td>1.5</td></tr>
<tr><td>9</td><td>精加工右端外圆轮廓</td><td>T02</td><td>外圆精车刀</td><td>1200</td><td>80</td><td>0.15</td></tr>
<tr><td>10</td><td>切槽 5×2</td><td>T03</td><td>切槽刀</td><td>600</td><td>80</td><td></td></tr>
<tr><td>11</td><td>分线加工双线普通外螺纹</td><td>T04</td><td>普通外螺纹车刀</td><td>400</td><td>1200</td><td></td></tr>
<tr><td>12</td><td>工件精度检测</td><td></td><td></td><td></td><td></td><td></td></tr>
<tr><td>编制</td><td></td><td>审核</td><td></td><td>批准</td><td></td><td>共_页　第_页</td></tr>
</table>

（三）编写加工程序

1. 按 FANUC 0i-TA 编写的加工程序

(1) 车削工件左端轮廓的加工程序

O1；

G98 G40 G21；　　　　　　　　　（程序初始化）

```
T0505;                              (转内孔车刀，取5号刀补)
M03S500;
G00 X21.0 Z2.0;
G71 U1.0 R 0.3;                     (内孔粗加工循环，F=100，T=1.0，S=500)
G71 P30 Q40 U-0.3 W0.05 F100;
N30 G01 X26.0 F50 S1000;            (精加工 F=50，S=1 000)
Z0.0;
X24.0 Z-1.0;
Z-20.0;
N40 X21.0;
G70 P30 Q40;                        (内孔精加工循环)
G00 X100.0 Z100.0;
T0101;                              (转 1 号刀，取 1 号刀补)
M03S600;
G00 X52.0 Z2.0;                     (快速点定位至循环起点)
G71 U1.5 R0.3;                      (粗加工循环，F=200，T=1.5)
G71 PS0 Q60 U0.3 W0.05 F200;
N50 C01 X34.0 1780 S1200;           (精加工 F=80，T=0.15，S=1200)
Z0.0;
X36.0 Z-1.0;
Z-20.05;
X48.0;
Z-40.0;
N60 X52.0;
G00 X100.0 Z100.0;
T0202;                              (转外圆精车刀，取2号刀补)
```

```
G00 X2.0 Z2.0;
G70 P50 Q60;                          (精加工循环)
G00 X100.0 Z100.0;
```

(2) 车削工件右端轮廓的加工程序

```
02;
G98 G40 G21;
T0101;                                (转外圆粗车刀)
G00 X100.0 Z100.0;
M03S600;
G00 X52.0 Z2.0;                       (快速点定位至循环起点)
G71 U1.5 R0.3;                        (粗加工循环，F=200，
                                      T=1.5)
G71 P10 Q20 U0.3 W0.05 F200;
N10 C01 X19.8 F80 S1200;              (精车外圆 F=80，
                                      T=0.15，S=1200)
Z0;
X23.8 Z-2.0;
Z-25.0;
X24.0;
X28.16 Z-45.8;
G02 X44.08 Z-53.0 R8.0;
N20 G01 X52.0;
G00 X100.0 Z100.0;
T0202;                                (转外圆精车刀)
G00 X26.0 Z2.0;
G70 P10 Q20;                          (精车外圆)
G00 X100.0 Z100.0;                    (退刀至转刀点)
T0303;                                (转槽刀，刀宽为 2.5mm，
                                      取 3 号刀补)
```

```
M03S600;                        (转切槽循环，S=600，F=80)
G00 X25.0 Z-22.5;
G75 R0.3;
G75 X2.0 Z-25.0 P1500 Q1500 1780;
G00 X100.0 Z100.0;
T0404;                          (转外螺纹车刀，取4号刀补)
S400;
G00 X26.0 Z6.0;
G76 1;' 020560 Q50 R0.05;       (螺纹切削固定循环)
G76 X22.2 Z-24.0 Ix) 00 Q400 173;
G01 Z7.5;                       (Z向移动一个螺距)
G76 P020560 Q50 R0.05;          (加工第2条螺纹)
G76 X22.05 Z-22.5 P900 Q400 F3;
G00 X100.0 Z100.0;
```

2. 按 SIEMENS 802C 编写的加工程序

(1) 工件左端的加工程序

```
%_N_ZJL_MPF;                    (车左端的主程序)
G90 G54 G95;
G00 X100 Z100;
T5D1;                           (转内孔车刀)
M42 M03 S500;
G04 F4;                         (暂停等待转速到位)
M08;                            (切削液开)
G00 X20 Z2;                     (定位到循环起点)
_CNAME= "ZJSUBK";               (内孔粗加工)
R105=3;                         (纵向、内部粗加工)
R106=0.1;                       (精加工余量)
R108=0.5;                       (切人深度)
R109=7;                         (粗加工切入角)
```

```
R110=1;                      (粗加工退刀量)
R111=0.2;                    (粗加工进给速度)
R112=0.1;                    (精加工进给速度)
LCYC95;
G42 G00 X20 Z2;
S1000 F0.1;
G04 F3;
ZJSUBK;                      (内孔精加工)
G00 X20 Z2;
G40 X100 Z100;               (车孔结束，返回转刀点)
M00;                         (可以卸下内孔车)
T1D1;                        (转外圆粗车刀)
S600;
G04 F3;
G00 X52 Z2;
_CNAME="ZJSUBL";             (左端外轮廓粗车)
R105=1 R106=0.2 R108=1.5 R109=7 R110=1 R111=
0.25 R112=0.1;
LCYC95;
G00 X100 Z100;
T2D1;                        (转外圆精车刀)
S1200 F0.1;
G04 F3;
G42 G00 X32 Z2;
ZJSUBL;                      (调用子程序精车左端)
M09;
G40 G00 X100 Z100;
M30;
%_N_ZJSUBK_SPF;              (车削左端内孔的子程序)
```

```
G01 X26 Z0;
    X24 Z-1;
    Z-20;
    X21;
RET;
%_N_ZJSUBL_SPF;              (车削左端外轮廓的子程序)
G01 X34 Z0;
X36 Z-1;
Z-20;
X48;
Z-40;                        (为便于调头后准确找正，
                             z 向多切 10mm，允许时，
                             可尽量加长)
X52;
RET;
```

（2）工件右端的加工程序

```
%_N_ZJR_MPF;                 (车右端的主程序)
G90 C54 G95;
G00 X100 Z100;
T1D1;                        (转外圆粗车刀)
M42 M03 S600;
G04 F4;
M08;
G00 X52 Z2;
_CNAME="ZJSUBR";             (粗车右端外轮廓)
R105=1 R106=0.2 R108=1.5 R109=7 R110=1 R111=
0.25 R112=0.1;
LCYC95;
G00 X100 Z100;
```

```
T2D1;                    (转外圆精车刀)
S1200 F0.1;
G04 F3;
G42 G00 X26 Z2;
ZJSUBR;                  (调用子程序精车右端)
G40 G00 X100 Z100;
T3D1;                    (转切槽刀)
S600 F0.05;
G04 F3;
G00 X26 Z-25;
R100=24;                 (起点 X 坐标)
R101=-25;                (起点 Z 坐标)
R105=1;                  (纵向外部左边起刀)
R106=0.1;                (精加工余量)
R107=4;                  (刀具宽度)
R108=10;                 (切人深度)
R114=5;                  (槽宽)
R115=2;                  (单边槽深)
R116=0;                  (槽侧壁与 X 轴夹角)
R117=0;                  (槽沿倒角)
R118=0;                  (槽底倒角)
R119=1;                  (槽底停留时间)
LEYC93;                  (切槽循环)
G00 X100 Z100;
T4D1;                    (转外螺纹车刀)
S400;
G04 F3;
G00 X26 Z5;
R100=24;                 (螺纹起点 x 坐标)
```

```
R101=0;                      (螺纹起点 z 坐标)
R102=24;                     (螺纹终点 x 坐标)
R103=-20;                    (螺纹终点 z 坐标)
R104=3;                      (螺纹导程)
R105=1;                      (外螺纹)
R106=0.1;                    (精加工余量)
R109=6;                      (空刀导入量)
R110=4;                      (空刀导出量)
R111=0.9;                    (螺纹深度)
R112=0;                      (切入点角度偏移)
R113=3;                      (粗切削次数)
R114=2;                      (螺纹线数)
LCYC97;                      (螺纹循环)
M09;
G00 X100 Z100;
M30;
%_N_ZJSUBR_SPF;              (右端外轮廓子程序)
G01 X19.8 Z0;                (螺纹大径减小 0.2mm)
X23.8 Z-2;
Z-25;
X24;
X28.16 Z-45.8;
G02 X44.08 Z-53 CR=8;
G01 X52;
RET;
```

(四) 工件的加工操作

工件的加工操作请参阅本书相关章节。

(五) 工件的检测与评分

根据表 5-4 所例的检测评分表进行工件的测量与评分，根据评分结果分析不合格项的误差原因。

二、高级数控车工编程与加工实例

国家职业标准对高级数控车床操作工的操作技能基本要求如下。

（1）正确运用数控系统的指令代码，编制复杂零件的车削加工程序。

（2）能够运用固定循环、子程序编制零件的加工程序。

（3）能够熟练运用宏指令编制加工非圆曲线轮廓的宏程序。

（4）能编制数控车削加工的工艺文件。

（一）分析零件图样

1. 零件图样

高级数控车床操作工应会试题中的零件图样如图 5－62 所示，评分表见表 5－6 所列。

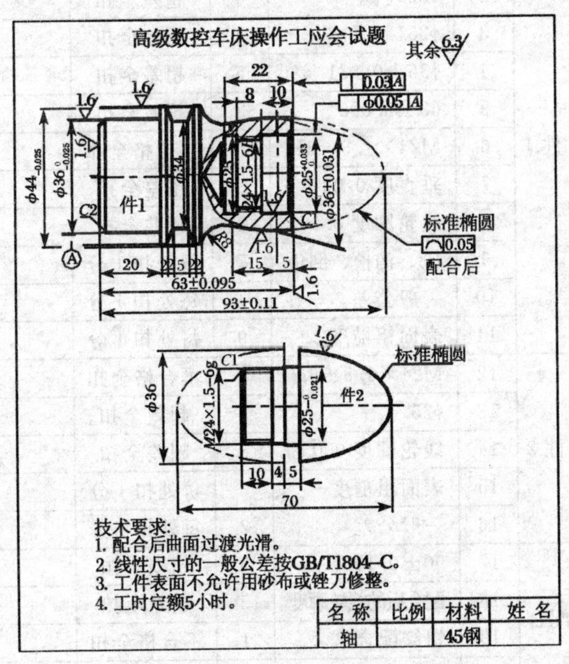

图 5－62　高级数控车床操作工应会试题

2. 精度分析

本课题为配合工件加工，因此，在加工过程中除了保证工件的单件精度外，还要保证工件配合后的精度要求。

(1) 尺寸精度

件 1 主要的尺寸精度有外圆 $\phi44^{0}_{-0.025}$、$\phi36^{0}_{-0.025}$、$\phi36\pm0.031$，内孔 $\phi25^{+0.033}_{0}$，长度 63±0.095，内螺纹 M24×1.5－6H 等。

件 2 主要尺寸精度为外圆尺寸 $\phi25^{0}_{-0.021}$ 和外螺纹 M24×1.5－6g 等。

表 5－6　高级数控车床操作工应会试题评分表

工件编号				总得分			
配分比例	项目	序号	技术要求	配分	评分标准	检测记录	得分
工件评分(80%)	件 1	1	$\phi44^{0}_{-0.025}$	4	超差全扣		
		2	$\phi36^{0}_{-0.025}$	4	超差全扣		
		3	$\phi25^{+0.033}_{0}$	4	超差全扣		
		4	$\phi36\pm0.031$	5	超差全扣		
		5	63±0.095	3	超差全扣		
		6	M24×1.5－6H	6	不合格全扣		
		7	垂直度 0.03	3	超差全扣		
		8	线轮廓度 0.05	3	超差全扣		
		9	*R*8、沟槽、倒角	7	每处扣 1 分		
		10	一般公差	4	每处扣 1 分		
		11	表面粗糙度	9	每处扣 1 分		
	件 2	12	M24×1.5－6g	3	不合格全扣		
		13	$\phi25^{0}_{-0.021}$	5	超差全扣		
		14	线轮廓度 0.05	3	超差全扣		
		15	表面粗糙度	3	每处扣 1 分		
		16	一般公差	2	每处扣 1 分		
	配合	17	90±0.10	5	超差全扣		
		18	配合后的线轮廓度	5	超差全扣		
		19	螺纹配合	1	不合格全扣		
		20	内、外圆配合	1	不合格全扣		

续表

工件编号				总得分			
配分比例	项目	序号	技术要求	配分	评分标准	检测记录	得分
程序与机床操作（20%）	程序	21	程序规范、合理、正确	20	不规范每处扣 2 分		
	操作	22	工件及刀具安装正确，机床操作规范		不规范每次扣 3 分		
其他	安全	23	安全文明操作	倒扣	不规范每次扣 3 分		
		24	现场整理				

（2）形位精度

件 1 主要的形位精度有内孔 ϕ25 轴线对外圆 ϕ36 轴线的同轴度，右端面对外圆 ϕ36 轴线的垂直度，以及椭圆曲面的线轮廓度。

件 2 在图样中虽未标注形位公差要求，但对其椭圆曲面，仍提出了线轮廓度要求，它反映在与件 1 的配合要求上。另外，在实际加工过程中，还应注意外圆 ϕ25 轴线与螺纹轴线的同轴度公差，否则将难保证其配合精度的要求。

（3）表面粗糙度

本例中内、外圆表面的粗糙度要求为 $R_a1.6\mu m$，螺纹的粗糙度为 $R_a3.2\mu m$ 切槽与钻孔粗糙度为 $R_a6.3\mu m$。

对于上述 3 项精度，主要通过以下几种方法进行保证。

①合理安排加工工步及加工路线。

②合理选用切削用量等加工参数。

③正确安装工件，工件安装后要仔细地找正。

④正确选择或刃磨刀具并进行精确的对刀，正确设定刀具偏移、刀，尖圆弧半径补偿、刀具磨耗等参数。

⑤及时、逐项、准确地进行工件精度检验，较快地分析误差产生的原因并立即采取补救措施。

（4）配合精度

本课题主要的配合精度要求有以下几个方面。

①为了保证两工件内、外螺纹及内、外圆柱表面的配合精度，件 1 与件 2 的内、外螺纹及内、外圆柱表面除了要求确保各项尺寸公差合格外，还要求其具有较高的同轴度。

②为了保证配合后的总长度，件 1 与件 2 除了应保证各自的总长外，还应注意形位精度对总长的影响，如端面与内螺纹轴线及孔 ϕ25 轴线的垂直度误差也将影响配合后的总长。

③为了保证配合后两工件曲面的线轮廓度公差及光滑过渡，最好将工件 1 件 2 配合后，再一起精车其椭圆曲面。同时还应特别注意，车削椭圆曲面时，予刀刀尖圆弧刃的形状误差和刀尖圆弧半径补偿，以及车刀刀尖安装后的中心高都将对其线轮廓度误差产生影响。

（二）加工工艺分析

1. 确定编程原点

为了方便对刀，工件的编程原点分别取在完工单件的右端面与主轴轴线相交的交点上。

2. 制订加工方案

1）件 2 的加工方案

（1）工件装夹、对刀（手动粗车件 2 右端外圆，直径为 ϕ37mm）。

（2）工件调头装夹、找正并对刀（手动车削件 2 左端面，Z 向尺寸留 0.5mm 的精车余量）。

（3）粗、精车件 2 的左端轮廓，保证外圆 ϕ25mm，螺纹大径 ϕ23.8mm 等尺寸精度和表面粗糙度。

（4）粗、精车件 2 的外螺纹（用螺纹环规检验）。

2）件 1 的加工方案

（1）件 1 右端手动钻孔为 ϕ20mm，深 24mm。

（2）工件调头装夹、对刀（手动车削件 1 左端面）。

（3）粗、精车左端外圆及倒角，保证 ϕ44mm、ϕ36mm 的尺寸精度和表面粗糙度。

（4）粗、精车外沟槽。

（5）工件调头装夹、找正并对刀（手动车削端面，保证工件总长及右端面的垂直度）。

（6）粗、精车右端内孔，保证内孔 ϕ25z 姗，螺纹底孔 ϕ22.5mm，深 22mm 的尺寸精度、位置精度和表面粗糙度。

（7）车内沟槽。

（8）车内螺纹（用螺纹塞规检验）。

3）配合件加工方案

（1）不卸下件 1，将件 2 与件 1 进行螺纹旋合。

（2）Z 向坐标平移 30mm（G54 偏置）。

（3）粗车组合件外轮廓并留 0.5mm（直径量）的精车余量。

（4）精车组合件外轮廓。

3. 工件定位与装夹

工件仍采用通用夹具三爪卡盘进行装夹，在装夹（特别是调头装夹）过程中，一定要仔细对工件进行找正，以减小工件的位置误差。

4. 选择刀具及切削用量

除钻头采用高速钢材料外，其余的刀具材料均采用硬质合金。根据数控加工经验、工件的加工精度及表面质量、工件的材料性质、刀具的种类及形状、刀柄的刚性等诸多因素，选择的刀具及切削用量见表 5-7 所示。

本课题采用前置式六工位刀架进行加工。开始加工时，先装上前四把刀具，当件 2 及件 1 左端轮廓加工完成后，卸下外螺纹车刀、外切槽刀，再装上内孔车刀、内螺纹车刀及内切槽刀。如采用四工位刀架，则需增加一次装刀、卸刀过程。

表 5-7　　数控车削用刀具及切削用量参数表

刀具名称	刀具号	刀沿号	加工内容	主轴转速 (r/min)	进给量 (mm/min)	背吃刀量 (mm)
外圆粗车刀	T0101	3	粗车外圆 手动车端面	600	200	1.5
外圆精车刀	T0202	3	精车外圆	1200	80	0.15
外切槽刀	T0303	3	车外沟槽	600	80	
外螺纹车刀	T0404	8	车外螺纹	600	900	
内孔车刀	T0505	2	粗车内孔	500	100	1.0
			精车内孔	1000	60	0.15
内切槽车刀	T0606	2	车内沟槽	500	50	
内螺纹车刀	T0707	6	车内螺纹	500	750	

（三）编写加工程序

1. 按 FANUC 0i-TA 编写的加工程序

（1）车削件 2 左端轮廓的加工程序

O1;

G98 G40 G21;

T0101;　　（转 1 号刀，取 1 号刀补）

G00 X100.0 Z100.0;

M03 S600;

G00 X47.0 Z2.0;　　（快速点定位至循环起点）

G71 U1.5 R0.3;　　（粗车外圆，F=100，S=600，a_p=1.5）

G71 P10 Q20 U0.3 W0.05 F100;

N10 G01 X21.8 F80 S1200;

Z0.0;

X23.8 Z-1.0;

```
    Z-14.0;
    X25.0;
    Z-19.0;
N20 X47.0;
    G00 X100.0 Z100.0;          (退刀至转刀点)
    T0202;                      (转外圆精车刀，取2号刀补)
    G00 X47.0 Z2.0;
G70 P10 Q20;                    (精车外圆 F=80，S=
                                1200，a_p=0.15)
    G00 X100.0 Z100.0;
    T0404;                      (转外螺纹车刀，取4号刀补)
    S600;
    G00 X26.0 75.0;
    G76 P020560 Q50 R0.05;      (螺纹循环)
    G76 X22.2 Z-10.0 P900 Q400 F1.5;
    C00 X100.0 Z100.0;
    M30;
```

(2) 车削件1左端外圆及倒角的加工程序

```
    02;
    G98 G40 G21;
    10101;                      (转1号刀，取1号刀补)
    G00 X100.0 Z100.0;
    M03S600;
    G00 X47.0 Z2.0;
    G71 U1.5 R0.3;              (粗车外圆，F=200，S=
                                600，a_p=1.5)
    G71 P10 Q20 U0.3 W0.0 F100;
N10 G01 X32.0 FS0 S1200;
    Z0.0;,
```

```
    X36.0 Z-2.0;
    Z-20.0;
    X44.0;
    Z-35.0;
N20 X47.0;
    G00 X100.0 Z100.0;
    T0202;                      （转外圆精车刀）
    G00 X47.0 Z2.0;
    G70 P10 Q20;                （精车外圆，F=80，S=
                                1200，ap=0.15）
    G00 X1130.0 Z100.0;
    T0303;                      （转外切槽刀，刀宽 3mm）
    S600;
    G00 X46.0 Z-27.0;
    G75 R0.3;                   （切槽循环，槽底留 0.3mm
                                精加工余量）
    G75 X34.3 Z-29.0 P1500 Q1000 F80;
    C01 X44.0 Z-25.0 F80.0;     （切槽的一个侧面）
    X34.0 Z-27.0;
    X44.0;
    Z-31.0;                     （切槽的另一个侧面）
    X34.0 Z-29.0;
    X46.0;
    G00 X100.0 Z100.0;
    M30;
```

（3）车件 1 右端内轮廓的加工程序

```
    03;
    G98 G40 G21;
    T0404;                      （转内孔车刀，取新的 4 号刀补）
```

```
    G00 X100.0 Z100.0;
    M03S500;
    G00 X19.0 Z2.0;
    G71 U1.0 R0.5;                  (粗车内孔，S=500，F=
                                    100，ap=1.0)
    G71 P30 Q40 U-0.3 W0.05 F100;
N30 G00 X27.0 F60 S1000;
    G01 Z0.0;
    X25.0 Z-1.0;
    Z-10.0;
    X22.7;
    Z-22.0;
N40 X19.0;
    G70 P30 Q40;                    (精车内孔)
    G00 X100.0 Z100.0;
    T0505;                          (转内切槽刀，刀宽等于槽宽)
    S500;
    G00 X20.0 Z2.0;
    Z-22.0;
    G01 X25.0 FS0;
    X20.0;
    G00 Z2.0;
    X100.0 Z100.0;
    T0606;                          (转内螺纹车刀)
    G00 X20.0 Z2.0;
    G76 P020560 Q50 R-0.05;
    G76 X24.1 Z-20.0 P900 Q300 F1.5; (按中径的公差中值，
                                     底径加大 0.1mm)
    G00 X100.0 Z100.0;
```

M30；

（4）加工组合件

采用 G71 循环与宏程序粗、精车组合件曲面轮廓，直径方向留 0.3mm 的精车余量。虽然该工件为内凹外形轮廓，但内凹距离（约 2mm）不是很大，因此，可以在 G71 循环的半精车过程中一次性切出内凹轮廓。在半精车至内凹部位时，可采用手动方式将进给倍率减小。

```
    04；                                (组合件曲面的粗、精车程序)
    G98 G40 G21；
    T0101；
    G00 X100.0 Z100.0；
    M03S600；
    G00 X47.0 Z2.0；
G71 U1.5 R0.3；                         (粗车外形，F=200，S=
                                        600，ap=1.5)
    G71 P10 Q20 U1.0 W0.0 F200；
N10 G00 X0.0；
    G01 Z0.0；
    G03 X22.4 Z-6.8 R12.5；             (用圆弧逼近椭圆轮廓)
    G03 X32.5 Z-50 R61.6；
    G02 X44.0 Z-60.0 R8.0；
N20 X47.0；
    G00 X100.0 Z100.0；
    T0202；                             (转外圆精车刀)
    G00 X47.0 Z2.0；
    G50 S1800；                         (限制最高转速为 1 800r/min)
G01 X0.0 F80 G96 S100；                 (恒线速度为 100m/min)
    M98 P05；                           (调用宏程序)
    G02 X44.0 Z-60.0 R8.0；
```

```
G97 G00 X100.0 Z100.0;          （恒转速）
M30;
```

（5）宏程序编程

椭圆方程为：$X^2/18^2+(Z+35)^2/35_。=1$，采用宏程序编写加工椭圆的程序时，以Z作为自变量，X作为应变量。宏程序编程时，使用以下变量进行运算。

＃100 椭圆公式中的Z坐标值（椭圆编程中的Z坐标值已与公式中的Z坐标值相同）。

＃101 椭圆公式中的X坐标值。

＃102 椭圆编程中的X坐标值，其值为椭圆公式中的X坐标值的2倍。

```
05;
#100=0.0;
#102=0.0;
N10 G01 X#102 Z#100;
#100=#100-0.1;
#110=[#100+35.0]*[100+35.0]/[35.0*35.0];
#101=SQRT[[1.0-#110]*[18.0*18.0]];
#102=#101*2.0;
IF [#102 GE-50.0] GOTO 10;
M99;
```

2. 按 SIEMENS 802C 编写的加工程序

（1）车削件2左端的主程序

```
%_N_GJL2_MPF;
G90 G54 G95;
T1D1;                    （转外圆粗车刀）
G00 X100 Z100;
M42 M03 S600;
G04 F4;
```

```
M08;
G00 X44 Z2;
_CNAME="GJSUBL2";                (粗车件 2 左端)
R105=1 R106=0.2 R108=1.5 R109=7 R110=1 R111=0.25 R112=0.1;
LCYC95;
G00 X100 Z100;
T2D1;                            (转外圆精车刀)
S1200 F0.1;
G04 F3;
G42 G00 X26 Z2;
GJSUBL2;                         (调用精车左端的子程序)
G40 G00 X100 Z100;
T4D1;                            (转外螺纹刀)
S600;
G04 F3;
G00 X26 Z2;
R100=24 R101=0 R102=24 R103=-10 R104=1.5 R105=1 R106=0.02 R109=4
R110=3 R111=0.9 R112=0 R113=5 R114=1;
LCYC97;                          (螺纹切削循环)
M09;
G00 X100;
Z100;
M30;
%_N_GJSUBL2_SPF;                 (车削件 2 左端的子程序)
G01 X21.8 Z0;                    (外螺纹大径减小 0.2mm)
    X23.8 Z-1;
    Z-14;
```

```
    X25;
    Z-19;
    X47;
RET;
```
(2) 车削件 1 左端的主程序

```
%_N_GJL1_MPF;
G90 G54 G95;
G00 X100 Z100;
M42 M03S600;
T1D1;                        (转外圆粗车刀)
G04 F4;
G00 X47 Z2;                  (毛坯为 φ45mm)
_CNAME= "GJSUBLI";
R105=1 R106=0.2 R108=1.5 R109=7 R110=1 R111=
0.25 R112=0.1;
LCYC95;
G00 X100 Z100;
T2D1;                        (转外圆精车刀)
S1 200;
G04 F3;
G42 G00 X47 Z2;
GJSUBLI;                     (精车件 1 左端)
G40 G00 X100 Z100;
T3D1;                        (转外切槽刀)
S600 F0.05;                  (切槽时的转速及进给速度)
G04 F3;
G00 X46 Z-31;
R100=44 R101=-31 R105=1 R106=0.1 R107=4 R108=
5 R114=5 R115=5 R116=21.8 R117=0 R118=0 R119=1;
```

```
LCYC93;                          (切外沟槽循环)
G00 X100 Z100
M30
%_N_GJSUBL1_SPF;                 (车削件1左端外轮廓的子程序)
G01 X32 Z0 F0.1;
    X36 Z-2;
    Z-20;
    X44;
    Z-35;                        (Z向多加工2mm)
    X47;
RET;
```

(3) 车件1右端内轮廓的主程序

```
%_N_GJR1_1V1PF;
G90 G54 G95;
G00 X100 Z100;
T4D1;                            (转内孔车刀)
M42 M03S500;
G04 F4;
G00 X19 Z2;                      (快速定位至循环起点)
_CNAME="GJ [SUBK]";              (粗车右端内孔)
R105=3;                          (纵向、内部粗加工)
R106=0.1;                        (精加工余量)
R108=0.5;                        (切入深度)
R109=7;                          (粗加工切入角)
R110=1;                          (粗加工退刀量)
R111=0.2;                        (粗加工进给速度)
R112=0.1;                        (精加工进给速度)
LCYC95;
```

```
S1000;
G04 F3;
GJSUBK1;                    (精车右端内孔)
G00 X18 Z2;
X100 Z100;
T5D1;                       (转内切槽刀)
S500;
G04 F3;
G00 X20 Z2;
Z-22;
G01; X25 F0.05;             (切内沟槽)
G00 X20;
Z2;
X100 Z100;
T6D1;                       (转内螺纹刀)
S600;
G04 F3;
G00 X20 Z2;
R100=24;                    (螺纹起点 X 坐标)
R101=-10;                   (螺纹起点 Z 坐标)
R102=24;                    (螺纹终点 x 坐标)
R103=-18;                   (螺纹终点 z 坐标)
R104=1.5;                   (螺纹导程)
R105=2;                     (内螺纹)
R106=0.02;                  (精加工余量)
R109=4;                     (空刀导入量)
R110=2;                     (空刀导出量)
R111=0.9;                   (螺纹深度)
R112=0;                     (切入点角度偏移)
```

```
R113=5;                              (粗切削次数)
R114=1;                              (螺纹头数)
LCYC97;                              (螺纹循环)
X100 Z100;
M30;                                 (卸下内切槽刀、内螺纹
                                     刀和内孔车刀)
%_N_GJSUBK1_SPF;                     (车削内孔的子程序)
G01 X27 Z0 F0.1;
    X25 Z-1;
    Z-10;
    X22.7;                           (螺纹小径再加大 0.2ram)
    Z-22;
    X19;
RET;
```

(4) 粗车件 2 和组合件曲面的主程序

```
%_N_ZHJ_MPF;
G90 G54 G95;
G00 X100 Z100;
T1D1;                                (转外圆粗车刀)
M03 S600;
G04 F4;
G00 X47 Z2;
_CNAME="GJSUBR1";
R105=1 R106=0 R108=1.5 R109=7 R110=1 R111=0.25
R112=0.1;
LCYC95;
G00 X100 Z100;
M05 M00;
G158 Z30;                            (将件 2 旋入件 1)
```

```
M42 M03 S600;                    (工件坐标系向+z方向偏
                                  移30rran)
G04 F4;
G00 X39 Z2;
_CNAME="GJSUBHR";                (粗车组合件右端轮廓)
R105=1 R106=0.2 R108=1 R109=7 R110=1 R111=0.2
R112=0.1;
LCYC95;
G00 X100 Z100;
T2D1;                            (转外圆精车刀，注意刀
                                  具的副偏角)
S500 F0.2;
G04 F3;
G00 X38 Z-35;
G158 X1 Z30;
GJSUBA1;                         (粗车件1右端凹部形状)
G158 X0.2 Z30;
GISUBA1;
G158 X0 Z30;
G00 Z2;
G26 S1800;                       (最高限速为1800r/min)
G96 S100 F0.1;                   (恒线速度100 m/min)
G04 F3;
G00 X0;
R3=0;                            (精车组合件右端外轮廓)
MA3;
G01 X=SQRT(1296-1296(R3+35)*(113+35)/1225)Z
=R3;
R3=R3-0.1;
```

```
IF R3>=-50 GOTOB MA3;
G02 X44 Z-60 CR=8;
G01 X47;
G97 G00 X100 Z100;                (恒转速)
M30;
%_N_GJSUBR1_SPF;                  (粗车件1右端外圆至
                                  ϕ37mm)
G01 X37 Z0;
    Z-27.5;
    X44 Z-30;
    X47;
RET;
%_N_GJSUBA1_SPF;                  (粗车件1右端凹部形状
                                  的子程序)
G00 X37 Z-35;
R2=-35;
MA2
G01 X=SQRT
R2=R2-1;
IF R2>=-50 GOTOB MA2;
G02 X44 Z-60 CR=8;
G01 X47;
RET;
%_N_GJSUBHR_SPF;
R1=0
MA1;
G01 X=SQRT(1296-1296*(R1+35)*(R1*35)/1225)Z=R1;
R1=R1-1;
IF R1>=-35 GOTOB MAl;
```

G01 Z－57.5；

X37；

RET；

（四）工件的加工操作

工件的加工与操作略。

（五）工件的检测与评分

根据表 5－6 所列的检测评分表进行工件的测量与评分，根据评分结果分析不合格项的误差原因。

第四节　数控铣床的操作与加工

一、数控铣床的控制面板

数控铣床的操作面板由数控系统生产厂商公司提供，会因机床的数控系统配置而不同。本节以 FANUC 0i M 为例。

1. 数控铣床控制系统的显示/MDI 单元

由显示器和操作键盘构成（图 5－63），一般称为 LCD/MDI 或 CRT/MDI。其中，LCD 是液晶显示器（Liquid Crystal Display）的英文缩写；CRT 是阴极射线管（Cathode Ray Tube）显示器的英文缩写，而 MDI 则是手动数据输入（Manual Date Input）的英文缩写。各操作键的功能见表 5－8 所列。

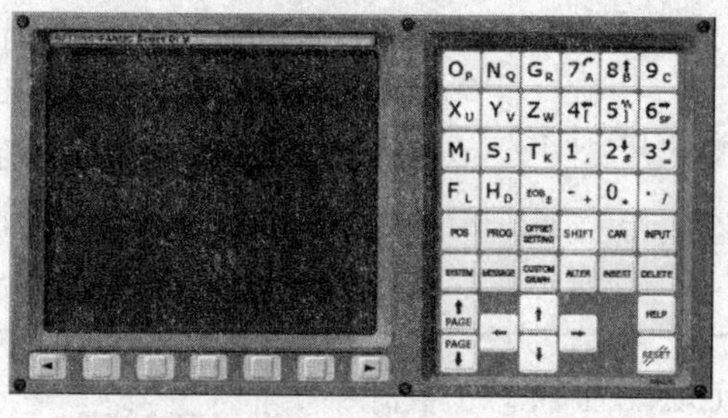

图 5－63　Fanuc 0i M 的 LCD/MDI 单元

表 5-8　　Fanuc 0i M 系统操作面板按键功能

序号	按键	功能	说明
1	O_P N_Q G_R 7 8 9 X_U Y_V Z_W 4 5 6 M_I S_J T_K 1 2 3 F_L H_D EOB - 0 . /	字符输入	屏幕出现光标后，可用这些键输入字符信息
2		软键	执行屏幕上显示的对应功能，随当前操作状态改变
3		光标移动键	用于向箭头所指方向移动光标
4	POS	位置显示	显示位置信息，可通过重复按此键或用 PAGE 按钮选择显示方式
5	PROG	程序显示	显示数控程序显示与编辑页
6	OFFSET SETTING	偏置设置	显示坐标系偏置，刀具补偿参数页，可通过重复按此键选择具体功能
7	SHIFT	切换	在该键盘上，有些键具有两个功能。按下此键可以在这两个功能之间进行切换。当一个键上以小字体标识的字母可被输入时，就会在屏幕上显示一个特殊的字符 ^
8	CAN	取消	删除最后一个进入输入缓冲区的字符或符号

续表

序号	按 键	功 能	说 明
9	INPUT	输入	当按下一个字母键或者数字键时，再按该键数据被输入到缓冲区，并且显示在屏幕上。要将输入缓冲区的数据拷贝到偏置寄存器中，请按下这个键。这与软键中的［INPUT］键是等效的
10	SYSTEM	系统设置	显示系统设置页面
11	MESSAGE	提示消息	显示系统提示的信息，如Alert警报等
12	CUSTOM GRAPH	用户宏与图形显示	显示用户宏与图形显示功能的操作界面
13	ALTER	替换	替换所选字符为输入的字符
14	INSERT	插入	在当前位置插入输入的字符
15	PAGE ↑	前翻页	将当前屏幕显示的页面向前翻页
16	PAGE ↓	后翻页	将当前屏幕显示的页面向后翻页
17	DELETE	删除	删除选中字符或程序
18	HELP	帮助键	对当前功能的操作不明白时，可以按下这个键获得帮助信息
19	RESET//	复位	在任何状态下，可使数控系统复位，也可消除部分报警信息

2. 数控铣床的控制面板（图 5 - 64）

图 5 - 64　数控铣床的控制面板（大宇数控）

表 5 - 9　　Fanuc 0i M 系统控制面板按键功能表

序号	按键或模块	功　能	说　明
1		急停按钮	紧急情况下按下此按钮，机床将停止一切活动
2		方式选择旋钮 EDIT， MEM， TAPE (DNC)， REF， JOG， HANDLE	用于设置机床当前的工作方式 [EDIT] 编辑 进入程序管理模块，可用 MDI 面板上的键盘进行程序编辑或与计算机等存储媒体通信 [MEM] 自动加工： 机床执行存储在系统内部的程序进行加工 [TAPE] 数据传输加工： 也被称作 DNC 加工，机床执行通过数据线连接输入的程序进行自动加工 [REF] 回参考点： 使各坐标轴返回参考点位置并建立机床坐标系 [JOG] 手动连续进给： 当机床操作方式被设置为 JOG 方式时，选中一个轴，按住操作面板上的移动按钮，可使刀具沿着所选轴向所选方向连续移动 [HANDLE] 手轮： 开启手轮控制

续表 1

序号	按键或模块	功　能	说　明
3	READY	READY 伺服系统 启动	使数控系统启动伺服单元
4	ALARM RESET	ALARM RESET 报警解除	解除机床报警信号
5	FEED HOLD	FEED HOLD 进给保持	在机床进行自动运行加工时，按下将停止进给运动（刀具与工件不发生相对运动）。此时，MST 代码对应的功能仍然有效（主轴仍以按下前速度正转）
6	CYCLE START	CYCLE START 循环启动	在自动方式下，按下将执行当前选择的程序

续表 2

序号	按键或模块	功　能	说　明
7	RAPID OVERRIDE 25 50 F0 100	RAPID OVERRIDE 快速移动定位倍率	更改机床快速移动（G00）的速度，100%为最大速度，F0默认为400mm/min 在手动和自动方式中都有效
8	FEEDRATE OVERRIDE 100 80 120 60 140 40 160 20 180 0 200	FEEDRATE OVERRIDE 进给倍率	调整机床进给运动的速度倍率（0%～200%） 0%时机床无法执行进给运动，系统提示报警信号 在手动和自动方式中都有效
9	AXIS SELECT Y Z X 4TH	AXIS SELECT 当前轴选择	选择在手动连续进给模式下（JOG）要移动的轴
10	RAPID － ＋	轴移动 ＋ － RAPID（～）	在手动连续进给模式下，按下＋/－将使当前选择的轴向正/负方向以当前指定的进给速度持续运动 同时按下 RAPID（～）和＋/－将使当前选择的轴向正/负方向以快速移动速度持续运动

续表 3

序号	按键或模块	功　能	说　明
11	 SPINDLE OVERRIDE	SPINDLE OVERRIDE 主轴倍率	调整机床主轴转速倍率（50%～150%）在手动和自动方式中都有效
12	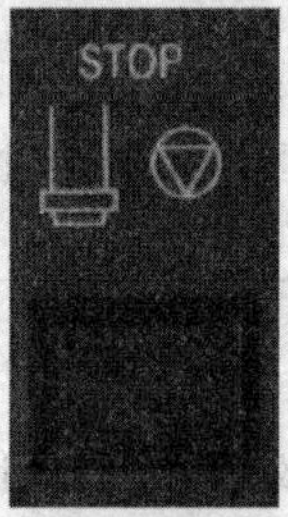 STOP	SPINDLE STOP 主轴停止	在手动方式下（JOG/HANDLE）按下使正在旋转的主轴停止
13	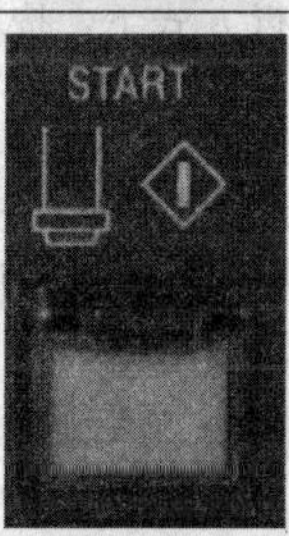 START	SPINDLE START 主轴正转	在手动方式下（JOG/HANDLE）按下使主轴以指定的转速正转
14	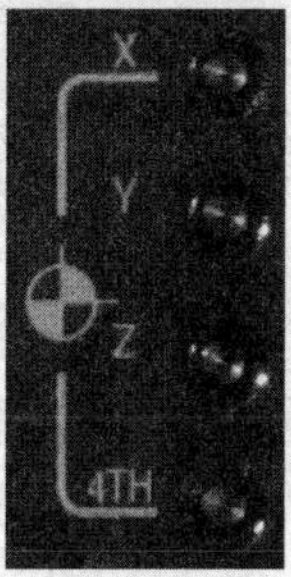 X Y Z 4TH	参考点指示灯	当 X/Y/Z/4/5 轴处于参考点时，相应指示灯亮

续表 4

序号	按键或模块	功　能	说　明
15	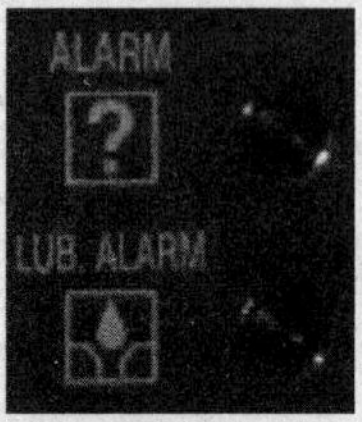 ALARM LUB. ALARM	报警指示灯	当机床发出报警信号时，相应指示灯亮 如： ALARM 报警信号已发出 LUB. ALARM 机床润滑不足
16	 M02/M30	程序结束指示灯	当前程序运行结束时，该指示灯亮，以提示操作者更换工件
17	 SINGLE BLOCK	SINGLE BLOCK 单段执行	当此开关处于“开”的状态时，在自动运行方式下，按一次循环启动键，将只执行单行程序而不会连续执行，继续按循环启动键，系统执行下一行程序 可用于试加工时的程序调试
18	 OPTIONAL BLOCK SKIP	OPTIONAL BLOCK SKIP 跳步	当此开关处于“开”的状态时，在自动运行方式下，系统将不执行以“/”开头的程序段。若需执行带有“/”的程序段，需将此开关关闭

续表 5

序号	按键或模块	功　　能	说　　明
19	OPTIONAL STOP	OPTIONAL STOP 选择停止	当此开关处于“开”的状态时，在自动运行方式下，执行到 M01 语句时，程序暂停，冷却停止。按下“循环启动”，程序继续执行
20	DRY RUN	空运行	当此开关处于“开”的状态时，自动运行方式中，机床将按参数指定的速度进给运动，程序中指定的 F 参数无效（一般比 F 参数指定的速度快） 该功能用于在刀具不切削的情况下，检验程序正确性
21	PROGRAM RESTART	程序重启动	当此开关处于“开”的状态时，指定一个程序段的顺序号，该程序将从指定顺序号开始执行
22	COOLANT MAN. AUTO OFF	切削液	用于控制机床的切削液使用 MAN：手动开启（始终使用切削液） AUTO：自动，如程序中有控制切削液使用的代码，则执行相应开、关 OFF：关闭（始终不使用切削液）

续表 6

序号	按键或模块	功　能	说　明
23	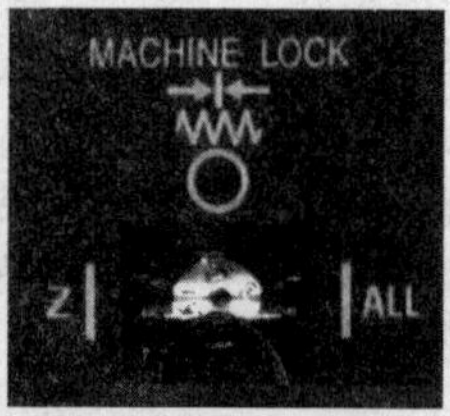 MACHINE LOCK Z　ALL	机床（进给）锁	当钥匙拨到指定位置时，机床相应的轴被锁住，程序运行时该轴不移动 O：正常 ALL：全部轴无法移动 Z：只有 Z 轴无法移动 该功能一般与空运行一起使用，用于在刀具不切削的情况下，检验程序正确性
24	 PROGRAM PROTECT	程序保护	当钥匙拨到锁止位置时，系统中所有程序和参数无法被修改
25	 SPINDLE LOAD %	主轴负载	显示当前主轴在机床加工时的负载，可根据主轴负载情况判断所选刀具和切削参数是否正确
26	 RS-232C	通讯接口	标准并口，可与计算机等存储设备相连进行通信

二、数控铣床的基本操作

1. 机床的启动

数控铣床启动的操作步骤：

(1) 接通机床电源，一般是将车间配电箱相应的开关打开。

(2) 打开床身上的总电源（一般机床后部电器柜上）。

(3) 启动数控系统电源。

(4) 如机床有气动元件，接通气源压力开关。

注意：必须严格按照操作步骤进行操作。检查数控机床的外观（比如：检查前、后门是否关好）是否正常。要先开机床，后开与机床 RS-232 连接的外部设备（如计算机等），避免在开机过程中，由于电流的瞬间变化而冲击与机床相连的其他设备。

2. 机床的关闭

数控铣床停止前的主要步骤：

(1) 按下急停按钮。如之前打开了气源开关，此时也应关闭。

(2) 关闭数控系统的电源。

(3) 关闭床身电源，机床断电结束。

(4) 如离开车间，将车间配电箱的相应开关关闭。

注意：检查数控系统操作面板上表示循环启动的 LED 是否关闭。检查数控屏幕上的状态，是否为停止状态。检查 CNC 机床的移动部件是否都已经停止。如果有外部的输入/输出设备连接到机床上，请先关闭外部输入输出设备。特殊情况，将主轴上的刀具卸下。并将 Z 轴升至最高点附近的位置，工作台移至机床中间位置。

3. 机床回参考点

基本操作：

(1) 转动方式选择旋钮，调节工作模式为“回参考点”(REF)。

(2) 为降低移动速度，将快速移动速度倍率选择开关调节到较慢位置。

（3）转动“轴选择”旋钮至“Z”的位置。

（4）按住手动持续进给（JOG）键“+”不放直到主轴箱向 Z 轴正向运动减速。如正常，此时 Z 轴参考点返回完毕指示灯应亮。

（5）依次转动“轴选择”旋钮至“X”、“Y”的位置。

（6）按住手动持续进给（JOG）键“+”不放直到工作台向 X，Y 轴正向运动减速。如正常，X、Y 轴参考点指示灯应亮。

如机床具备 4 轴或多轴，应继续通过“轴选择”旋钮切换，直到所有轴的参考点指示灯亮为止。

注意：部分机床的回参考点方式不同，在不同系统上进行相同的操作可能产生严重后果，因此在操作前必须仔细阅读说明书或相关技术资料。各轴回参考点的过程可能不会一次成功，如出现报警等情况，在排查故障后，将机床的控制方式设置为手动模式（持续进给 JOG/手轮），将相应轴向回参考点的反方向移动。再设置为回参考点（REF）方式重新做一次。

表 5-10　　机床回参考点常见错误表

常见错误	原因	解决方法
系统报警显示为超程	回参考点过程中该轴超过规定最大行程	在 JOG/手轮模式下，使该轴向回参考点的反向运动，直到报警消除 如上述方法无效，请尝试按“超程接触”或与厂家技术支持联系
系统报警显示回参考点非正常终止	部分数控系统的默认设置要求回参考点过程中操作者始终按住相应键	在系统显示回参考点完毕的信息之前，不要松开按键
回 X/Y 轴时工件与主轴发生碰撞	移动顺序不合理	先回 Z 轴或使其保证安全高度，再操作其他轴

4. 机床手动操作

数控机床可通过程序完成自动加工，但修补单件或对刀时，我们还需要手工操作机床，一般情况下，系统为我们提供了两种方式。

（1）手动连续进给（JOG）：

当机床操作方式被设置为JOG方式时，选中一个轴，按住操作面板上的移动按钮，可使刀具沿着所选轴向所选方向连续移动。这种方式适用于较长距离或恒速移动。

操作步骤：

①转动方式选择旋钮，设置机床操作方式为JOG方式。

②选择刀具要沿哪个轴的方向移动，按住方式选择开关的手动连续（JOG）选择开关。

③JOG进给速度可以通过JOG进给速度的倍率旋钮进行调整。

④同时按下快速移动按钮与移动按钮，机床将忽略进给速度与JOG倍率旋钮的设置，沿所选轴以快速移动速度（可用快速移动速度倍率选择开关调节）向所选方向移动刀具。

刀具到达需要的位置时，松开按住的移动按钮，快速移动时也要松开快速移动按钮。

注意：进给速度倍率旋钮调整的是JOG进给速度的倍率，一般在0%～120%范围内，JOG进给速度应在系统参数（No. 1423）中设定。快速移动速度倍率选择开关调节的是机床预设快速移动速度的倍率，一般为0%～100%，快速移动速度的值在参数（No. 1424）中。手动操作，一次使刀具沿着一个轴的正/负方向运动，可以通过参数JAX（No. 1002＃0）设置使机床三轴联动。

（2）手轮控制（Handle）：

手轮控制方式与普通机床相似，都是操作者通过旋转手轮来实现对机床进给的操作。这种方式符合大部分操作者的使用习惯，精度也比较好，适合对刀和精确移动（图5－65）。

手摇脉冲发生器上方为两个波段开关，左下方的波段开关用于 X、Y、Z、A 轴或更多轴的选择，右上方的波段开关用于倍率 X1、X10、X100 的选择。可通过倍率选择波段开关选择进给倍率的大小。手摇脉冲发生器的回转方向一般以顺时针方向为正，以逆时针方向为负。

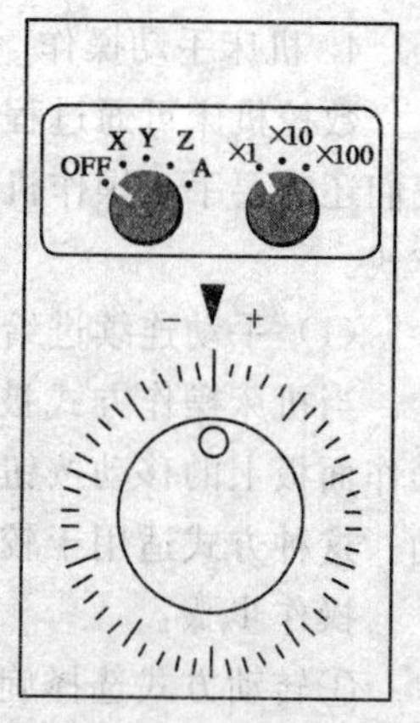

图 5－65 手摇脉冲发生器

操作步骤：

①转动方式选择旋钮，设置机床操作方式为手轮方式。手摇脉冲发生器的指示灯亮。

调节手轮进给轴波段开关选择刀具要沿哪个轴的方向移动。

②通过手轮进给放大倍数开关选择刀具移动距离的放大倍数。旋转手摇脉冲发生器一个刻度时刀具移动的最小距离（一般为 1 微米）等于最小输入增量乘以放大倍数。如图 5－65，选择 ×1，×10，×100 进给，则刀具分别完成 0.001mm，0.01mm，0.1mm 的进给。

③旋转手轮移动刀具，手轮旋转 360 度刀具移动的距离相当旋转于 100 格刻度的对应值。

注意：手轮初次使用时，应慢速移动并观察系统屏幕上的坐标，防止移动方向相反造成工件碰撞。手轮旋转速度不得过快。如果手轮旋转的速度过快，刀具有可能在手轮停止旋转后不能及时停止下来或者刀具移动的距离与手轮旋转的刻度不符。如机床为四轴以上，则手摇脉冲发生器上的轴选择波段开关会有更多的选择挡位。

5. 程序编辑与管理（Program）

程序的编辑：包括对程序内容插入、修改、删除和字的替换。此外，还可以根据程序号检索程序。

(1) 新程序的创建（图 5-66）

向数控系统的程序存储器中加入一个新的程序。

操作方法如下：

①调节方式选择旋钮到“程序编辑”。

②程序保护钥匙开关扳到“解除”位。

③按 PROG 键。

④键入地址 O（按 O 键），键入程序号（数字），按 INSERT 键。

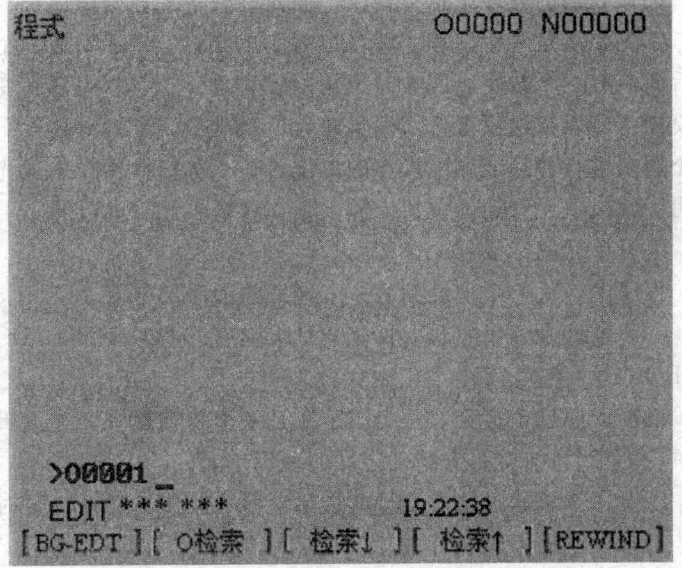

图 5-66 新程序的创建与打开已存在程序的界面

(2) 打开已存在的程序

在数控系统的程序存储器中查找程序，并显示在屏幕上以供操作者编辑。

操作方法如下：

①调节方式选择旋钮到“程序编辑”。

②按 PROG 键。

③键入地址 O(按 O 键)，键入程序号(数字)。

④按软键［O 检索］进行检索。

检索结束后，检索到的程序号显示在画面的右上角，程序内容也显示在画面上。如果没有找到该程序，就会出现 P/S 报警 No. 71。

注：如不输入程序编号，按软键［O 检索］将检索程序目录中的下个程序。

(3) 在当前程序中执行替换、插入、删除字等操作

首先要清楚“字”和“编辑单元”的概念：“字”是一个地址后面带有一个数字。因为对于用户宏程序，“字”的概念变得很模糊。所以在这里考虑“编辑单元”的概念。“编辑单元”是一个用来进行替换或删除操作的单位。在一次扫描操作中，光标标明了编辑单元开始的位置。插入是在编辑单元后进行的。

编辑单元的定义：

程序中，从一个地址到另一个地址的程序部分。

一个地址是一个字母，IF，WHILE，GOTO，END，DO=或(EOB)等。

根据上面这个定义，一个“字”是一个编辑单元。在编辑操作中，“字”意味着是有精确定义的编辑单元。

注意：如果通过单段运行或进给暂停功能使自动运行暂时停止，进行程序的编辑（如替换，插入或删除)。如继续执行，系统将有可能不按显示的内容执行程序。因此，当要通过编辑功能修改内存中的数据时，一定要在执行程序之前复位系统。

①字的检索：可以通过简单的在文本中移动光标（扫描)，字检索或者是地址检索实现。如图 5－67 所示。

扫描程序的步骤：

按下向右光标键→

光标在画面上向右逐字移动，光标显示在所选的字上。

按下向左光标键←

图 5-67　扫描到 Z0

光标在画面上向左逐字移动，光标显示在所选的字上。

持续按住光标键←→将对字进行连续扫描。

当按下向下光标键↓时，检索下一程序段的第一个字。

当按下向下光标键↑时，检索上一程序段的第一个字。

持续按下光标键↑或↓会连续的将光标移动到各程序段的开头。

按下翻页键 PAGE↓显示下一页，并检索该页中的第一个字。

按下翻页键 PAGE↑显示前一页，并检索该页中的第一个字。

持续按下翻页键会连续翻页并检索该页中的第一个字。

例：检索 G01

键入地址 G。

键入 01。

· 如果仅键入 G0 就不能检索 G01。

按下［检索↓］键开始检索过程。

检索完成后，光标停留在 G01 上。如按下［检索↓］键将继续检索程序中的下一个 G01。按下［检索↑］，就会执行相反方向的检索操作。

如果没有找到检索的字或地址，系统将发出报警信号。

②跳到程序头：光标可以跳到程序头，该功能称为定位程序头指针。有 3 种定位程序头指针的方法。

方法 1：

在 EDIT 方式下，当处于程序画面时按下 Reset 键。当光标回到程序的起始部分后，在画面上从头开始显示程序的内容。

方法 2：

调节方式选择旋钮，选择［MEMORY］或者［EDIT］方式。

按下 PROG 键。

按下[(OPRT)]([操作])键。

按下[REWIND]键。

方法 3：

重新打开这个程序。

③字的插入：检索或扫描插入位置前的字。键入将要插入的地址字。键入数据。按下 INSERT 键。

例：如下程序，想在 N0010 与 N0020 之间插入一行“N0015 M03 S800”。

```
O0001;
N0010 G54 G90 G00 Z0;
N0020 G00 X0;
.
.
.
N0100 M02;
%
```

具体操作：扫描程序，使用光标键↑↓←→将光标移动到 N0010 中的结束符“;”。

此时屏幕显示

O0001;

N0010 G54 G90 G00 Z0;

N0020 G00 X0;

.

.

.

N0100 M02;

%

依次输入“N0015 M03 S800;”再按下 INSERT，插入完成。此时屏幕显示

O0001;

N0010 G54 G90 G00 Z0;

N0015 M03 S800;

N0020 G00 X0;

.

.

.

N0100 M02;

%

④字的替换：检索或扫描将要替换的字。输入将要插入的地址字。输入数据。按下 ALTER 键。

例：如下程序，要将 N0020 的 X0 替换成 Y0

O0001;

N0010 G54 G90 G00 Z0;

N0020 G00 X0;

.

.

.

N0100 M02；

%

具体操作：扫描程序，使用光标键↑↓←→将光标移动到N0020中的“X0”。

此时屏幕显示

O0001；

N0010 G54 G90 G00 Z0；

N0020 G00 X0；

.

.

.

N0100 M02；

%

输入“Y0”，再按下ALTER键，替换完成。此时屏幕显示

O0001；

N0010 G54 G90 G00 Z0；

N0020 G00 Y0；

.

.

.

N0100 M02；

%

⑤字的删除：检索或扫描将要删除的字。按下键DELETE。

例：如下程序，要将N0010的G54删除

O0001；

N0010 G54 G90 G00 Z0；

N0020 G00 X0；

.

.

.

N0100 M02；

%

具体操作：扫描程序，使用光标键↑↓←→将光标移动到N0010中的“G54”。此时屏幕显示：

O0001；

N0010 G54 G90 G00 Z0；

N0020 G00 X0；

.

.

.

N0100 M02；

%

按下DELETE键，G54被删除。此时屏幕显示：

O0001；

N0010 G90 G00 Z0；

N0020 G00 X0；

.

.

.

N0100 M02；

%

（4）程序的删除

存储到内存中的程序可以被删除，一个程序或者所有的程序都可以一次删除。同时，也可以通过指定一个范围删除多个程序。

删除一个程序的步骤：

选择EDIT方式。

按下PROG键，显示程序画面。

键入地址O。

键入要删除的程序号。

按下 DELETE 键，输入程序号的程序被删除。

删除存储在内存中的所有程序：

选择 EDIT 方式。

按下 PROG 键，显示程序画面。

键入地址 O。

键入－9999。

按下 DELETE 键，所有的程序都被删除。

注意：删除存储在内存中的所有程序是不可恢复的，操作前一定要小心确认！

6. 数据的设定：

（1）刀具偏置值的显示和输入

按下 OFFSET 键，显示图 5－68 所示的刀具偏置页面（如果显示的不是刀具偏置，再按下软键［补偿］）。

刀具补正　　O0021 N00000

番号	(形状) H	(磨耗) H	(形状) D	(磨耗) D
001	120.000	0.000	0.000	0.000
002	120.000	0.000	0.000	0.000
003	10.000	0.000	0.000	0.000
004	0.000	0.000	0.000	0.000
005	0.000	0.000	0.000	0.000
006	0.000	0.000	0.000	0.000
007	0.000	0.000	0.000	0.000
008	0.000	0.000	0.000	0.000

现在位置(相对位置)

X　0.000　Y　-0.000

>_

EDIT *** ***　　19:44:16

[补正] [SETING] [坐标系] [ ] [操作]

图 5－68　刀具偏置页面

使用翻页键 PAGE↑、PAGE↓和光标键↑↓←→将光标移动到需要修改或需要输入的刀具偏置号前面。

键入刀具偏置值。

按 INPUT 键，偏置值被输入。

按［F/NO.］键后键入刀具偏置号，再按 INPUT 键，可以直接将光标移动到指定的刀具偏置号前。（注意 NO. 键和字符 L、Q、P 是复用的）。

（2）工件坐标系（G54～G59）的显示和输入

按下 OFFSET 键，显示出工件坐标系页面，如图 5－69（如果显示的不是工件坐标系，再按下软键［坐标系］）。

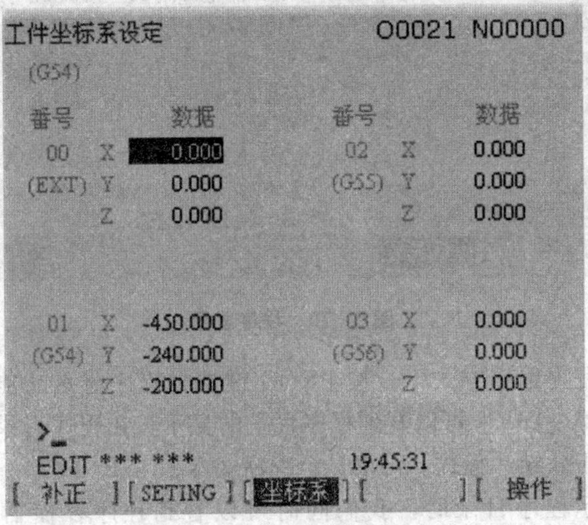

图 5－69　工件坐标系页面

使用翻页键 PAGE↑、PAGE↓和光标键↑↓←→将光标移动到需要修改或需要输入的位置。

键入设定值。

按 INPUT 键，设定值被输入。

7. 显示功能

（1）程序显示（图 5 - 70）

当前的程序号和顺序号始终被显示在显示屏的右上角，除 MDI 外的其他方式下，按 PROG 键都可以看到当前程序的显示。

PROGRAM DIRECTORY O0021 N00000

PROGGRAM (NUM.) MEMORY (CHAR.)
USED 19 123333
FREE 29 400987

O0001 O0002 O0003 O0004 O0005 O0010
O0011 O0012 O0013 O0014 O0015 O0016
O0017 O0018 O0034 O9000 O9001 O9012
O2000 O0021

>_
EDIT *** *** 19:47:17
[程序][DIR][ ][ ][操作]

图 5 - 70 程序显示

在程序编辑方式下，按 PROG 键选择程序显示功能。这时按下软键［DIR］可以看到程序目录的显示，在程序目录显示的时候按下软键［程式］可以显示程序文本。

显示程序目录时，我们同时可以看到程序存储器的使用情况：

PROGRAM（NUM.）USED：已被使用的程序号。

FREE：剩余的可用的程序号的数量。

MEMORY（CHAR.）USED：已被使用的存储器空间。

FREE：剩余可用的存储器空间的数量。

（2）当前位置显示（图 5 - 71）

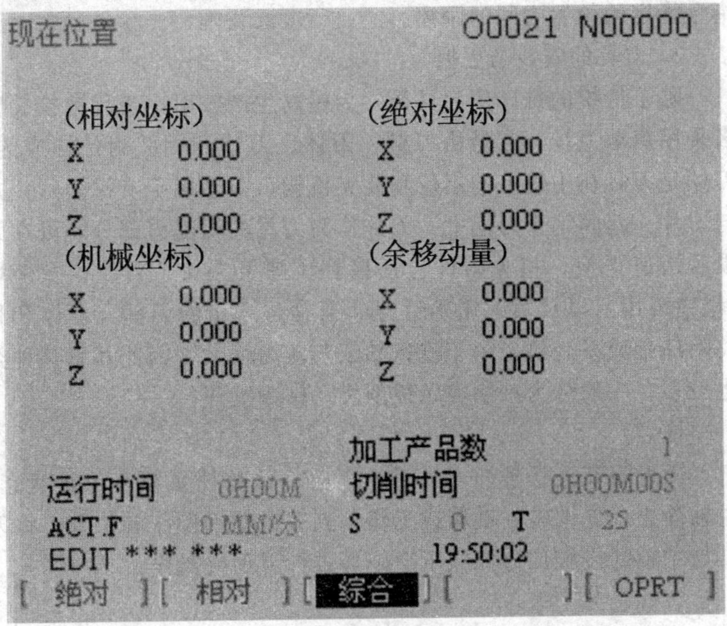

现在位置　　　　　　　　O0021 N00000

（相对坐标）　　　　（绝对坐标）
X　0.000　　　　X　0.000
Y　0.000　　　　Y　0.000
Z　0.000　　　　Z　0.000
（机械坐标）　　　　（余移动量）
X　0.000　　　　X　0.000
Y　0.000　　　　Y　0.000
Z　0.000　　　　Z　0.000

加工产品数　　　1
运行时间　0H00M　切削时间　0H00M00S
ACT.F　0 MM/分　S　0　T　25
EDIT *** ***　　19:50:02
[绝对][相对][综合][ ][OPRT]

图 5－71　位置显示

位置的显示有三种方式，分别为绝对位置显示、相对位置显示和机床坐标系位置显示。绝对位置显示给出了刀具在工件坐标系中的位置。

相对位置值可以由操作复位为零，这样可以方便地建立一个观测用的坐标系。复位方法是：按 *X*、*Y*、*Z* 键，屏幕上相应的地址会闪烁，再按 CAN 键，闪烁的地址后面的坐标值就会变为 0，机床坐标系位置显示给出了刀具在机床坐标系中的位置。

在有位置显示的页面下，按下软键［绝对］，将以大字显示绝对位置；按下软键［相对］，将以大字显示相对位置；按下软键［综合］可以使三种位置方式同时在屏幕上以小字显示。在 MDI 或自动运行方式下，我们会看到屏幕上还有另外一种位置显示，该栏显示的是各轴的剩余运动量，即刀具当前实际位置到指令指定的位置之间的距离。

8. 刀具的安装与更换

除了传统的铣床用刀具外，为提高生产效率，现代数控铣床多采用机卡刀具。它是由刀柄、刀体、刀片和相关附件构成的。刀柄是刀具在主轴上的定位和装夹机构；刀体用于支撑刀片，并与刀片一起固定于刀柄上；刀片作为刀具的切削刃部分，可在磨损后快速更换；相关附件包括接杆、弹簧夹头、刀座、平衡块（精镗刀用）以及紧固用螺钉等。通常，选用的刀柄、刀体和相关附件是成系列的。由于铣床的工艺能力强大，因此其刀具种类也较多。一般分为铣削类、镗削类、钻削类等。

注意：

无论安装还是拆卸刀具时，都应确认数控系统在停止状态，主轴静止。先调整主轴箱或工作台到一个便于操作的位置，将刀具与主轴的接触部分擦拭干净，再进行下面的操作。

（1）装刀步骤：

使用方式选择旋钮选择［手轮］或［JOG］方式。按主轴上或数控系统面板上的“刀具更换”键。将装好刀具的刀柄放入主轴下端的锥孔内，对齐刀柄。再次按主轴上或数控系统面板上的“刀具更换”键，夹紧刀具。抓住刀具，再用力向下拉，确认刀具已经被夹紧。

（2）卸刀步骤

用手抓紧刀柄。

按主轴或数控系统面板上的“刀具更换”键。用力向下拉，力要适可而止，注意不要碰伤自己和工件以及刀具。如果拉不下来，就用棒轻轻地敲击刀柄，使刀柄可从主轴锥孔上掉下来。注意要抓紧刀具。

再次按主轴上数控系统面板上的“刀具更换”键。使主轴处于夹紧状态。

9. 工件的安装与找正

加工中常用的夹具有平口钳、分度头、三爪卡盘和平台夹具等。下面以在数控铣床上最常见的平口钳上装夹工件为例说明工件的装夹步骤：

①把平口钳安装在数控铣床工作台面上，两固定钳口与X轴基本平行并张开到最大；

②把装有杠杆百分表的磁性表座吸在主轴上；

③使杠杆百分表的触头与固定钳口接触；

④在*X*方向找正，直到使百分表的指针在一个格子内晃动为止，最后拧紧平口钳固定螺母；

⑤根据工件的高度情况，在平口钳钳口内放入形状合适和表面质量较好的垫铁后，再放入工件，一般是工件的基准面朝下，与垫铁表面靠紧，然后拧紧平口钳。在放入工件前，应对工件、钳口和垫铁的表面进行清理，以免影响加工质量；

⑥在*X*、*Y*两个方向找正，直到使百分表的指针在一格内晃动为止；

⑦取下磁性表座，夹紧工件，工件装夹完成。

10. 对刀与工件坐标系的设置

使编程原点与加工原点重合，需要进行坐标系设定。

G54坐标系设定操作：当程序坐标用G54设定时，需要在机床内保证G54的机械坐标（即G54原点机械坐标）与编程原点重合。

下面以在机床三轴符合标准笛卡尔坐标系，程序原点在工件上表面中心的坐标设定步骤为例，说明对刀步骤。

首先应测量工件的尺寸，这里假设为100×50×10（mm）

调整方式选择旋钮到［手轮］方式。

调整“快进/手轮倍率”。

使主轴正转。

旋转手轮分别移动到工作台和主轴。

对X轴（图5-72）

工件坐标系设定 O0021 N00000

(G54)

番号		数据	番号		数据
00	X	0.000	02	X	0.000
(EXT)	Y	0.000	(G55)	Y	0.000
	Z	0.000		Z	0.000
01	X	-450.000	03	X	0.000
(G54)	Y	-240.000	(G56)	Y	0.000
	Z	-200.000		Z	0.000

>X-55_

EDIT *** *** 19:53:03

[No检索][测量][ ][+输入][输入]

图 5-72 对 X 轴

“轴向选择”：选 Z 轴。

降下 Z 轴至适合高度，使刀具可以切削工件侧面而不碰撞到卡具。

“轴向选择”：选 X 轴。

旋转手轮，使刀具与工件左侧面接触。

按下［OFFSET］键，再按“坐标系”对应软键，把光标移到“（01）G54”，选择 X 坐标，输入需要设定的坐标值（当前主轴中心线到工件中心的距离，即 X＝工件长度的 1/2 与刀具半径的和，如刀具半径为 5mm，则 $X=-[100/2+5]$，输入 $X-55$）。然后按下软键［测量］。

对 Y 轴

“轴向选择”：选 Z 轴。

降下 Z 轴至适合高度，使刀具可以切削工件侧面而不碰撞到卡具。

“轴向选择”：选 Y 轴。

旋转手轮，使刀具与工件上侧面接触。

按下［OFFSET］键，再按“坐标系”对应软键，把光标移到“(01) G54”，选择 Y 坐标，输入需要设定的坐标值（当前主轴线到工件中心的距离，即 Y＝工件长度的 1/2 与刀具半径的和，如刀具半径为 5mm，则 Y＝［50/2＋5］，输入 Y30）。然后按下软键［测量］。

对 Z 轴

“轴向选择”：选 Z 轴。

使刀具与工件上表面接触。

按下［OFFSET］键，再按“坐标系”对应软键，把光标移到“(01) G54”，选择 Z 坐标，输入需要设定的坐标值（Z0）。然后按下软键［测量］。

此时在 G54 坐标系下，设置的工件坐标系与编程原点重合。如图 5－73。

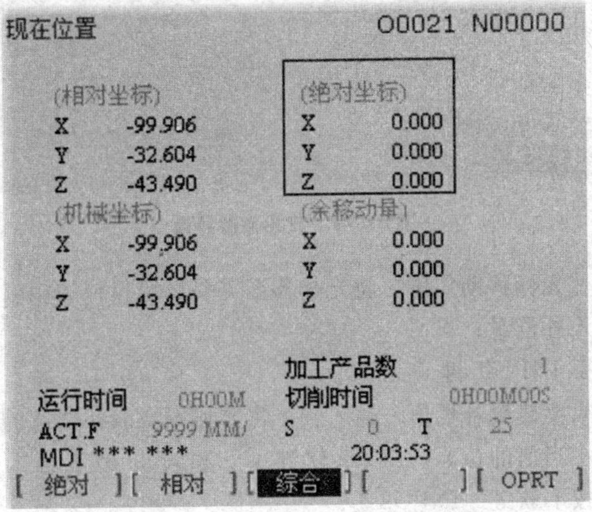

图 5－73　对好刀后“绝对坐标”应显示

注意：

坐标值有正负之分，如上例中，如对 X、Y 轴时选取的是右、下侧面，则应输入 $X55$ 和 $Y-30$。

11. 刀具补偿的设定

（1）刀具直接补偿的设定

按［OFFSET SETTING］键，再按［刀具补正］键（或反复按［OFFSET SETTING］键），出现如图 5－74 所示画面；

刀具补正 O0021 N00000

番号	(形状) H	(磨耗) H	(形状) D	(磨耗) D
001	0.000	0.000	0.000	0.000
002	0.000	0.000	0.000	0.000
003	0.000	0.000	0.000	0.000
004	0.000	0.000	0.000	0.000
005	0.000	0.000	0.000	0.000
006	0.000	0.000	0.000	0.000
007	0.000	0.000	0.000	0.000
008	0.000	0.000	0.000	0.000

现在位置（相对位置）

X -99.906 Y -32.604

>_

MDI *** *** 20:10:53

[补正] [SETING] [坐标系] [ ] [操作]

图 5－74 刀具补偿界面

按［光标移动］键，将光标移至需要设定刀补的相应位置；

输入补偿量；

按下 INPUT 键。

如果要修改补偿值，输入一个将要加到当前补偿值的值（负值将减小当前的值），并按下软键［＋输入］。或者输入一个新值，并按下软键［INPUT］。

（2）刀具测量补偿的设定

调整方式选择旋钮到至手轮方式。

安装基准刀具。

Z 向对刀。用手动操作移动基准刀具使其与工件上的一个指定点接触。

反复按 POS 键，直到显示具有相对坐标的现在位置画面。

按地址键 Z，按软键［起源］，将相对坐标系中闪亮的 Z 轴的相对坐标值复位为“0”。

反复按下功能键 OFFSET SETTING，出现如上图所示刀具补偿画面。

按屏幕下方右侧扩展软键［=>］出现如图 5-75 所示画面。

刀具补正　　O0021 N00000

番号	(形状) H	(磨耗) H	(形状) D	(磨耗) D
001	0.000	0.000	0.000	0.000
002	0.000	0.000	0.000	0.000
003	0.000	0.000	0.000	0.000
004	0.000	0.000	0.000	0.000
005	0.000	0.000	0.000	0.000
006	0.000	0.000	0.000	0.000
007	0.000	0.000	0.000	0.000
008	0.000	0.000	0.000	0.000

现在位置 (相对位置)

X　-99.906　Y　-32.604

>_

MDI *** ***　　20:07:10

[No检索][　　][C.输入][+输入][输入]

图 5-75　刀具补偿扩展操作

安装要测量的刀具，手动操作移动对刀，使其于基准刀同一对刀点位置接触。两把刀的长度差显示在屏幕画面的相对坐标系中。

按［光标移动］键，将光标移至需要设定刀补的相应位置。

按地址键 Z。

按软键［输入］，Z 轴的相对坐标被输入，并被显示为刀具长度偏置补偿。

例：工件如图 5－76 所示，工件原点在工件上表面中心，加工用的 3 把刀具均为立铣刀，直径分别为 6mm，8mm，12mm，长度分别为 10mm、9mm、7mm，现选择 ϕ8 立铣刀为基准刀，则 ϕ6 立铣刀和 ϕ12 立铣刀的长度补偿值 $L1$、$L2$ 分别为 10－9＝1，7－9＝－2。

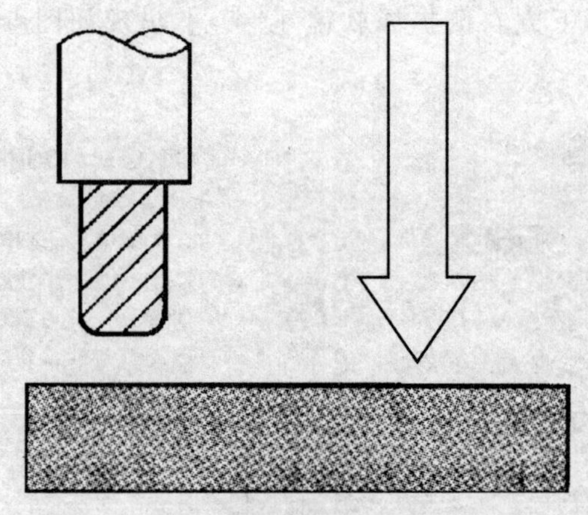

图 5－76　刀具长度补偿对刀示意图

具体步骤如下：

安装 ϕ8 立铣刀（基准刀）；

①指定位置，如相同高度的上表面

②刀具接触工件上表面；

③按［POS］键若干次，直至画面显示“现在位置（相对坐标）”；

④输入“z”，按下软健［起源］，Z 坐标显示为“0”；

⑤z 向移动刀具至安全高度；

⑥安装 $\phi6$ 立铣刀；

⑦使刀具接触工件上表面；

⑧按［POS］键若干次，直至画面显示“现在位置（相对坐标)”；

⑨按屏幕下方右侧［画面转换］软键，出现“刀具补正”画面；

⑩按［光标移动］键，将光标移至需要设定刀补的刀具编号相应位置；

⑪按地址键 Z；

⑫按［C. 输入］对应的软键，Z 轴的相对坐标被输入，并被显示为 $\phi6$ 立铣刀长度偏置补偿。

⑬Z 向移动刀具至安全高度；

⑭安装 $\phi12$ 立铣刀；

重复步骤⑦～⑬。

注意：Z 向对刀时，所有刀具在工件上表面的接触点应一致(在基准刀具安装好后就不要在 X、Y 方向移动)。

12. 开始自动加工

自动运行就是按照编制的程序对机床进行操作。它包括存储器运行、MDI 运行和 DNC 运行方式。

(1) 存储器运行

执行存储在数控系统存储器中的程序称为存储器运行。程序应事先通过键盘输入或计算机传输存储到存储器中。当选中了这些程序中的一个并按下机床操作面板上的“循环启动”按钮后，启动自动运行方式，并且“循环启动”指示灯亮。在自动运行过程中，可按下机床操作面板上的“进给保持”按钮，临时中止自动运行。当再次按下［循环启动］按钮后，自动运行又重新进行。当 MDI 面板上的 RESET 键被按下后，自动运行被终止，并且使系统进入复位状态。

1) 存储器运行操作步骤

①调整“方式选择”旋钮旋转到“自动”方式处。

②从存储的程序中选择一个程序。其步骤如下：

a. 按下 PROG 键，显示程序屏幕。

b. 按下地址键 O。

c. 使用数字键输入程序号。

d. 按下软键［O 检索］。

③按下操作面板上的“循环启动”按钮。启动自动运行，并且“循环启动”指示灯亮。当自动运行结束时，指示灯熄灭。

④要在中途停止或者取消存储器运行，可按以下步骤进行。

a. 停止存储器运行。按下机床操作面板上的“进给保持”按钮。“进给保持”指示灯亮，并且“循环启动”指示灯熄灭。

此时机床响应如下：

当机床移动时，进给减速直到停止。

当程序在停刀状态时，停刀状态中止。

当执行 M、S 或 T 指令时，执行完毕后运行停止。

当“进给保持”指示灯亮时，按下机床操作面板上的“循环启动”按钮会重新启动机床的自动运行。

b. 终止存储器运行。按下 MDI 面板上的“RESET”键。自动运行被终止，并进入复位状态。当在机床移动过程中执行复位操作时，机床会减速直到停止。

2）存储器运行注意事项

①存储器运行。在存储器运行启动后，系统的运行如下。

a. 从指定程序中读取一段指令。

b. 这一段指令被译码。

c. 启动执行该段指令。

d. 读取下一段指令。

e. 执行缓冲，即指令被译码以便能够被立即执行。

f. 前段程序执行后，立即启动下一段程序的执行。这是因为执行缓冲的缘故。

g. 此后存储器运行按照 d～f 重复进行。

②停止和结束存储器运行。存储器运行可以用下列两种方法停止。

a. 指定一个停止命令。停止命令包括 M00（程序停止），M01（选择停止）和：M02 与 M30（程序结束）。

b. 按下机床操作面板上的一个键。有两个键可以停止存储器的操作："进给保持"键和复位键"RESET"。

③程序停止 M00。存储器运行在执行包含有 M00 指令的程序段后停止。当程序停止后，所有存在的模态信息保持不变与单段运行一样。按下"循环启动"按钮后自动运行重新启动。

④选择停止 M01。与 M00 一样，存储器运行时在执行了含有 M01 指令的程序段后也会停止。这个代码仅在操作面板上的"选择停止"开关被打开的状态时有效。

⑤程序结束 M02，M30。当读到 M02 或者 M30（在主程序结束）时，存储器运行结束并且进入复位状态。

⑥进给暂停。在存储器运行时，当操作面板上的"进给暂停"按钮被按下时，刀具会在减速后立即停止。

⑦复位。自动运行可以通过 MDI 面板上的"RESET"键或者外部的复位信号结束并且立即使系统进入复位状态。当刀具移动时执行了复位操作后，运动会在减速后停止。

（2）MDI 操作

1）MDI 操作说明

①在 MDI 方式中，通过 MDI 面板，可以编制最多 10 行的程序并被执行，程序格式和通常程序一样。MDI 运行更适用于简单的测试操作。

②在 MDI 方式中，M30 不能控制程序回到起始部分（M99 可以完成该功能）。

③删除程序。在 MDI 方式中编制的程序可以按如下方式被删除。

a. 在 MDI 运行中，执行了 M02、M30 或者 ER% [如果参数 MER（No. 3203）的第 6 位设为 1，在单程序段操作时，执行完程序的最后一段后程序被自动删除]。

b. 在存储器方式中，如果执行了存储器运行。

c. 在编辑方式中，如果执行了任何编辑。

d. 如果执行了背景编辑。

e. 如果按下了地址键和“DEIETE”键。

f. 如果参数 No. 3203 的第 7 位 MCL 设为 1，并执行了复位操作。

④重新启动。在 MDI 运行停止期间执行了编辑操作后，会从当前的光标位置处重新启动运行。

⑤MDI 运行中程序的编辑。可以在 MIDI 方式中进行程序的编辑。然而，对参数 MIE（No. 3203）的第 5 位进行了相应的设置后，在 CNC 被复位前不能进行程序的编辑。

⑥程序的存储。在 MDI 方式中编制的程序不能被存储。

⑦一个程序的行数。屏幕一页上能显示多少行，程序就可以编多少行。可以编制最多 6 行的程序。当参数 MDI（No. 3107#7）设为 0 时，指定为压缩显示连续的信息，此时可以编制长达 10 行的程序。如果编制的程序超过了指定的行数，ER%被删除（这样就不能进行插入和删除）。

⑧子程序的嵌套。在 MDI 方式中编制的程序可以调用指定的子程序（M98）。这就是说，存储到存储器中的程序可以通过 MDI 方式进行调用并被执行。除了自动运行的主程序，还可允许最多 4 级的子程序嵌套。

⑨宏调用。在 MDI 方式中也可以编制、调用并执行宏程序。然而，在子程序执行期间，在存储器运行停止后进入 MDI 方式时，不能执行宏程序的调用命令。

⑩存储区。当在 MDI 方式中编制了一个程序后就会用到程序存储器中的一块空的区域。如果程序存储器已满，则在 MDI

方式中就不能编制任何的程序。

2）MDI 操作步骤

①调整“方式选择”旋钮旋到“MDI”方式位置。

②按下 MDI 操作面板上的“PROG”功能键选择程序屏幕。显示如图 5-77 所示，自动加入程序号 O0000。

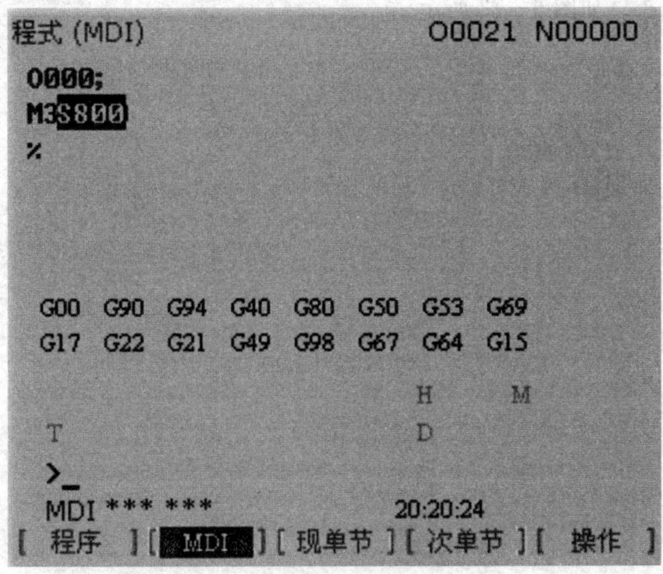

图 5-77 MDI 方式的程序屏幕

③用通常的程序编辑操作编制一个要执行的程序。在程序段的结尾加上 M99，用以在程序执行完毕后，将控制返回到程序头。在 MDI 方式中编制程序可以用插入、修改、删除、字检索、地址检索和程序检索等操作。

④要完全删除在 MDI 方式中编制的程序，需使用以下的方法。

a. 输入地址，然后按下 MDI 面板上的“DELETE”键。

b. 按下“RESET”键，在这种情况下，需将参数 No. 3203

的第7位设置为1。

⑤为了执行程序，需将光标移动到要执行的语句位置（程序头或程序中间）。按下操作面板上的“循环启动”按钮，程序启动运行。当执行程序结束语句（M02或M30）或执行ER%后，程序自动清除并且运行结束。通过指令M99，控制自动回到程序的开头。如图5－78所示。

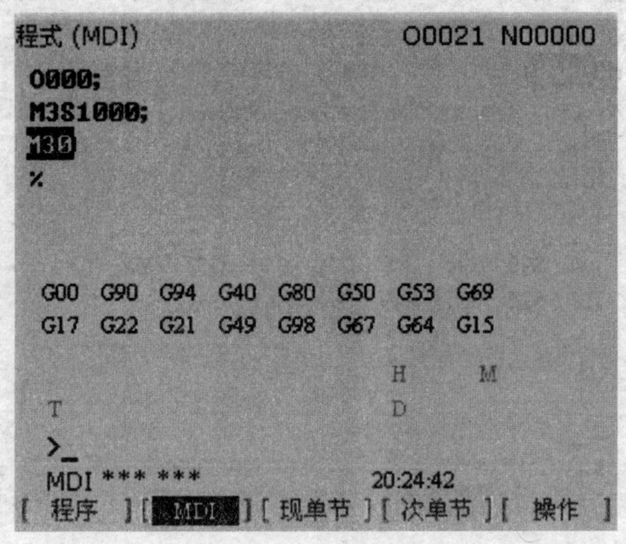

图5－78　MDI下执行程序后，自动清除并返回

⑥要在中途停止或结束MDI操作，请按以下步骤进行。

a. 停止MDI操作。按下操作面板上的“进给保持”按钮，进给保持指示灯亮，“循环启动”指示灯熄灭。机床响应如下。

i. 当机床在运动时，进给操作减速并停止。

ii. 当机床在停刀状态时，停刀状态被中止。

iii. 当执行M，S或T指令时，操作在M，S和T执行完毕后运行停止。

当操作面板上的“循环启动”按钮再次被按下时，机床的运行重新启动。

b. 结束 MDI 操作。按下 MDI 面板上的 RESET 键。自动运行结束，并进入复位状态。当在机床运动中执行了复位命令后，运动会减速并停止。

(3) DNC 运行

数控系统从输入/输出设备读入程序使系统运行称为 DNC 运行。

由于复杂工件的加工程序手工编写费时费力，计算机辅助编程被大量应用，通常使用专门的 CAM 软件来编制，但这类程序的程序段往往很多，会占用很大的存储空间。而处于成本的考虑，机床数控系统的存储空间有限，当加工程序比较大时，往往会出现无法传输到存储器的情况。这样，就需要数控系统进行自动传输加工，程序由计算机输出，经机床 RS－232 接口传入，控制机床加工动作（DNC 加工）。有些程序机床存储空间尽管可以容纳，但程序录入很不方便，也可以先使用传输软件将程序传入机床，然后再用存储器方式自动加工（CNC 加工）。

计算机必须安装好传输软件，并设置好各种参数，同时机床方面也应该进行必要的设置。

传输软件很多，一般机床制造商会提供相应安装介质（/磁盘光盘/网络），很多 CAM 软件也具备相应功能，这里以Siemens提供的 WINPCIN 传输软件（也可用于 Fanuc 系统）为例，简单介绍相关设置与使用方法。

首先应确认已对机床进行回参考点操作。

工件对好刀后，将“方式选择”旋钮旋向“TYPE”方式。

按“循环启动”按钮，机床进入 DNC 加工待机状态。

在计算机上启动 WINPCIN 软件，出现图 5－79 所示界面。

点击“RS232 Config”按钮，出现图 5－80 所示界面，通信设置一定要按照机床技术文档的规定设置，确保与当前数控系统的设置一致。

图 5-79　WINPCIN 软件界面

图 5-80　RS 232 设置

点击“Back”按钮，回到图 5-81 所示界面。

点击“Send Data”按钮，出现图所示界面，选择要传输的 NC 文件。(图 5-82)。

图 5-81　WINPCIN 软件待机界面

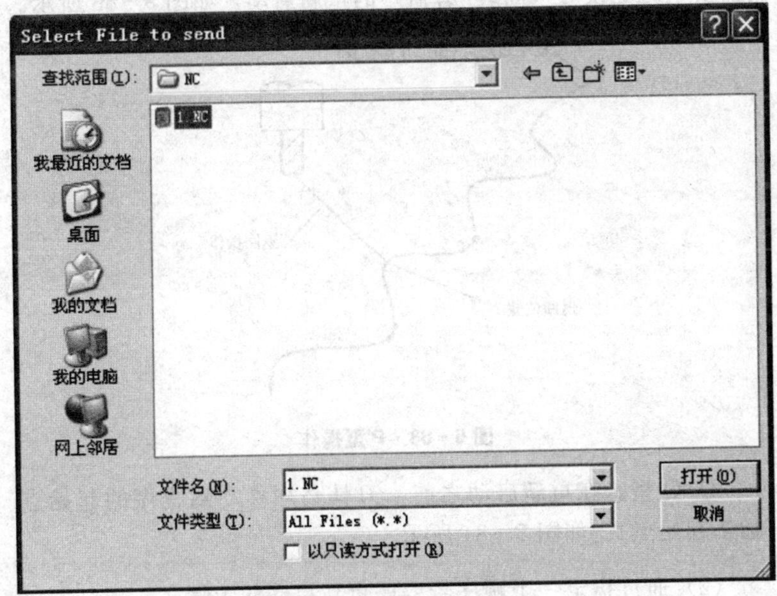

图 5-82　打开要发送的程序

按“打开”按钮，机床开始加工。

注意：

当执行完步骤⑧后，加工将立即开始！为避免异常的出现，最好将机床的快速移动定位倍率和进给倍率都调整到较低档位，并将单段执行开关打开。

13. 程序的重新启动概述

(1) 程序的重新启动

从一个中间点重新启动程序进行自动运行称为程序的重新启动。该功能用于指定刀具断裂或者休息后重新启动时，找到将要启动程序段的顺序号，从该段程序重新启动机床。也可用于高速程序检查。

重新启动的方法包括：P 型和 Q 型。

1) P 型。操作可以在任意地方重新启动，这种方法用于刀具需要临时更换时（断裂/磨损）的重新启动。如图 5-83 所示。

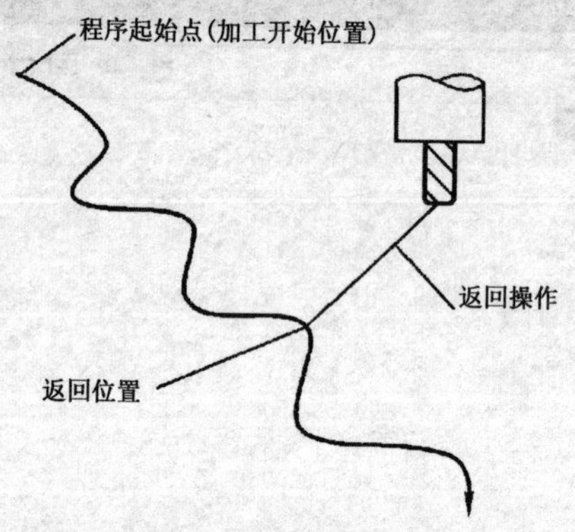

图 5-83 P 型操作

2) Q 型。在重新启动之前，刀具必须移动到程序的起始点（加工起始点）。如图 5-84 所示。

(2) 通过指定一个顺序号程序重新启动的步骤

1) 步骤 1

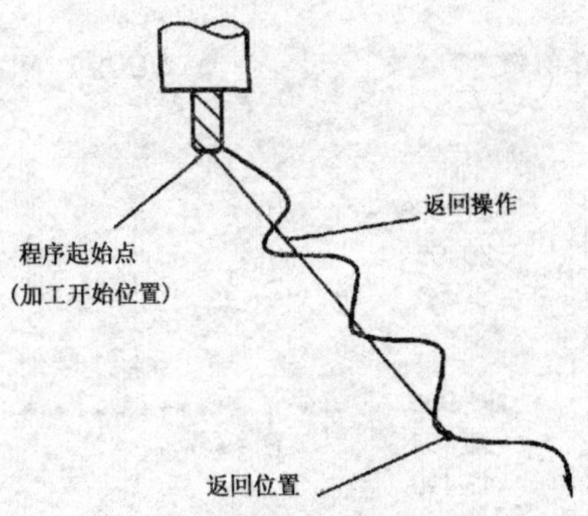

图 5-84　Q 型操作

a. P 型：卸下刀具，换上新刀具。如果有必要，改变偏置值[到②步骤 2]。

b. Q 型

上电以后，解除急停，此时，执行所有必要的操作，包括参考点位置返回等。

手动将机床移动到程序的起始点（加工的起始点），使模态数据和坐标与原来开始加工时一样。

如果有必要，修改偏置量。

2）步骤 2：P 型和 Q 型共用。

a. 按下机床操作面板上的程序重启动按钮。

b. 按下“PROG”键显示需要的程序。

c. 找到程序头。

d. 输入要重新启动的程序段的顺序号，然后按下［P TYPE］或［Q TYPE］软键。

N×××××，此处 5 个×为顺序号。如果程序中有相同的顺序号，就必须指定目标程序段的位置。指定其重复次数和顺序号。N××××××××。前 3 个×为次数，后 5 个×为顺序号。

e. 顺序号检索程序重新启动屏幕出现在显示器上。如图 5-85所示。

```
PROGRAM RESTART                    O0021  N00000

   DESTINATION                  M    1    2
   X      57.096                     1    2
   Y     -20.59                      1    2
   Z      35.52                      1    2
   DISTANCE TO GO                    1    2
                                     1******
   X     -99.906              T ****** ******
   Y     -32.604              S *****
   Z     -43.490
                          加工产品数              1
 运行时间      0H00M       切削时间          0H00M00S
 ACT.F      0 MM/分      S        0   T      25
  MEM *** ***              19:50:02
[ RSTR ][        ][ FL.SDL ][        ][ OPRT ]
```

图 5-85　顺序号检索程序重新启动屏幕

①DESTINATION 显示程序要重新启动的位置。

②DISTANCE TO GO 显示从当前刀具位置到加工重新启动位置之间的距离。每一轴左边的数字显示了轴的顺序（根据参数设置决定），按这一顺序，刀具移动到重新启动位置。要重新启动程序的坐标和移动的距离，可最多显示 4 轴（程序重新启动屏幕只显示 CNC 控制轴的数据）。

③M：十四个最近指定的 M 代码。

④T：两个最近指定的 T 代码。

⑤S：最近指定的 S 代码。

⑥B：最近指定的 B 代码。

代码按照其被指定的顺序显示。所有代码用［程序重启动］或复位状态的［循环启动］清除。

f. 关闭［程序重启动］开关。这时，在 DISTANCE TO GO 项目中，各轴名称之前的数字开始闪烁。

g. 检查将要执行的 M、S、T 和 B 代码屏幕，如果发现了这些代码，进入 MDI 方式，执行 M、S、T 和 B 功能。执行后，恢复到以前的方式中。这些代码并不显示在程序的重新启动屏幕上。

h. 检查在 DISTANCE TO GO 中显示的距离是否正确。同时检查在刀具移动到程序重新启动位置时是否可能与工件或其他物体碰撞。如果存在这种可能性，将刀具手动移动到不能碰到任何障碍物，此时，就可以移动到程序重新启动点的某个位置。

i. 按下［循环启动］按钮。刀具将按照参数 No. 7310 中指定的顺序，沿这些轴以空运行的速度移动到程序的重新启动位置。然后加工重新开始。

(3) 用指定一个程序段号重新启动程序的步骤

1) 步骤 1

a. P 型。卸下刀具，换上新刀具。如果有必要，改变偏置值。［到②步骤 2］

b. Q 型。机床上电后，解除急停，在这时，执行所有必要的操作，包括返回参考点等。

手动将机床移动到程序的起始点（加工的起始点），使模态数据和坐标系与原来加工开始时一样。

如果有必要，修改偏置量。

2) 步骤 2：P 型和 Q 型共用。

a. 将机床操作面板上的重新启动开关接通。

b. 按下“PROG”键显示需要的程序。

c. 找到程序头，按下“RESET”键。

d. 输入要重新启动的程序段号，然后按下［P TYPE］或［Q TYPE］软键，程序段号不能超过 8 位数字(B××××××××)。

e. 检索程序段号，程序重新启动屏幕出现在显示器上，如图 5－86 所示。

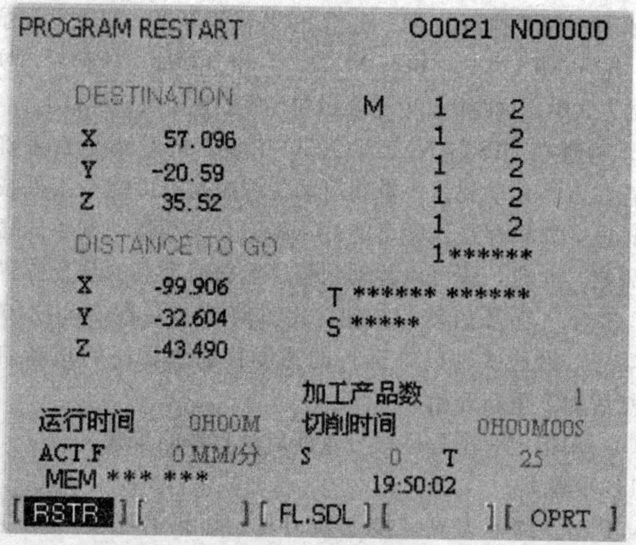

PROGRAM RESTART　　O0021 N00000

DESTINATION　　M 1 2
X 57.096　　1 2
Y -20.59　　1 2
Z 35.52　　1 2
　　1 2
DISTANCE TO GO　　1******
X -99.906　　T ****** ******
Y -32.604　　S *****
Z -43.490

加工产品数 1
运行时间 0H00M　切削时间 0H00M00S
ACT.F 0 MM/分　S 0　T 25
MEM *** ***　19:50:02
[RSTR][ ][FL.SDL][ ][OPRT]

图 5-86　程序重新启动屏幕

DESTINATION（目标值）显示程序要重新启动的位置。

DISTANCE TO GO（剩余移动距离）显示从当前刀具位置到加工重新启动的位置之间的距离。每一轴左边的数字显示了轴的顺序（根据参数设置决定），按这一顺序，刀具移动到重新启动位置。重新启动程序的坐标和移动的距离可最多显示 5 个轴，如果系统支持 6 个轴或者更多，按下软键［RSTR］显示第 6 轴及其他轴的数据程序（重新启动屏幕只显示 CNC 控制轴的数据）。

M：十四个最近指定的 M 代码。

T：两个最近指定的 T 代码。

S：最近指定的 S 代码。

B：最近指定的 B 代码。

代码是按照指定的顺序显示的。所有的代码在程序重新启动或在复位状态清除。

f. 关闭“程序重启动”开关。这时，在 DISTANCE TO GO（剩余移动距离）项目中各轴名称之前的数字开始闪烁。

g. 检查将要执行的 M、S、T 和 B 代码屏幕，如果发现了这些代码，进入 MDI 方式，然后执行 M、S、T 和 B 功能。执行后，恢复到以前的运行方式。这些代码并不显示在程序的重新启动屏幕上。

h. 检查在 DISTANCE TO GO 中显示的距离是否正确。同时检查在刀具移动到程序重新启动位置时是否可能与工件或其他物体碰撞。如果存在这种可能性，将刀具手动移动到不能碰到任何障碍，此时，就可以移动到程序重新开始点的某个位置。

i. 按下“循环启动”按钮，刀具按照参数 No. 7310 中指定的顺序，沿这些轴以空运行速度移动到程序的重新启动位置。然后加工重新启动。

（4）程序的重新启动注意事项

程序段号。

当 CNC 停止后，执行完的程序段号显示在程序屏幕或者是程序重新启动屏幕上。操作者可以根据屏幕上显示的号码指定重新启动的程序段。显示的号码标明了最近执行过的程序段号，例如要从程序停止的地方重新启动程序，指定显示的号码加 1。

程序段号是从加工起始点开始编号的，假设一行 CNC 程序为一段。

1）例 1：如表 5－11 所示。

表 5－11　　程序段号

CNC 程序	程序段号
O0001；	1
G90 G92 X0 Y0 Z0；	2
G01　X100.　F10；	3
G03　X01—50.　F50；	4
M30；	5

2）例 2：如表 5－12 所示。

表 5－12　　带宏指令的程序段号

CNC 程序	段号
O0001；	1
G90 G92 X0 Y0 Z0；	2
G90 G00 Z100；	3
G81 Z100.　Y0.　Z－120.　R－80.　F50.；	4
＃1＝＃1＋1；	5
＃2＝＃2＋1；	5
＃3＝＃3＋1；	5
G00 X0 Z0；	5
M30；	6

宏指令不作为程序段计数。

存储/清除程序段号。即使断电，程序段号仍然保留在存储器中。程序段号可以通过复位状态中的循环启动清除。

当程序暂停或者停止时的程序段号。程序屏幕通常显示当前正在执行的程序段号。当该段程序执行完毕后，CNC 被复位，或者程序在单段停止方式中执行，程序屏幕显示最近执行过的程序号。当 CNC 程序被进给保持、复位或者单段停止中断或停止时，就将显示下面的程序段号。

a. 进给保持：正在执行的程序段号。

b. 复位：最近已执行的程序段号。

c. 单段停止：最近已执行的程序段号。

例如，当 CNC 在执行程序段 1 期间被复位，显示的程序段号就会从 10 变为 9。

MDI 干预。当程序在单段程序停止期间执行：MDI 干预，执行的干预的命令不作为程序段计数。

超出 8 位数的程序段号。当在程序屏幕上显示的段号超过 8

位时，段号就会被复位到0并继续计数。

（3）P型程序重新启动。在下列任何一种情况下不能执行P型重新启动。

a. 当电源打开时，还没有执行自动运行。

b. 当急停解除后，还没有执行自动运行。

c. 当坐标系被改变或平移后还没有执行自动运行（工件参考点外部偏移）。

重新启动段。重新启动的程序段不一定是中途被打断的程序段；运行可以从任何程序段重新启动。当执行了P型的重新启动后，重新启动的程序段必须使用被打断之前同样的坐标系。

单程序段。当坐标轴重新启动位置移动时使单段运行接通，每次刀具完成一个轴方向的移动时就会停止。当停止在单段方式时，不能执行MDI干预。

手动干预。当向重新启动位置移动期间，如果一个轴还未回过参考点，就可以通过手动干预完成该轴的返回。这种返回操作不能在已经完成返回的轴上进行。

复位。从重新启动时的程序段检索到直到重新启动程序的执行期间，不要执行复位。否则，重新启动必须从第一步重新执行。

手动绝对值。不管加工是否已经启动手动，操作必须在手动绝对值接通方式执行。

参考点返回。如果没有绝对位置检测器（绝对编码器），必须在上电后执行重新启动之前进行参考点返回。

（5）报警。如表5-13所示。

表5-13　报　警

报警号	内　容
071	重新启动程序中指定的程序段号没有找到
094	在干预后，设置了一个坐标系，然后又指定了P型重新启动
095	在干预后，进行了坐标系偏移，然后又指定了P型重新启动

续表

报警号	内　容
096	在干预后，变更了坐标系，然后又指定了P型重新启动
097	在上电或者解除急停后，或者P/S报警094和097被复位后，还没有执行自动运行，然后又指定了P型重新启动
098	在上电后，没有执行参考点返回，但是在程序中发现了G28指令，就执行了重新启动
099	在重新启动过程中，从MDI面板指定了一个操作命令
5020	指定了错误的参数用于重新启动程序

注意：

作为一个规则，在下列情况下刀具不能返回到正确的位置(下列情况下要特别注意，因为这些情况都不引起报警)。

a. 当手动绝对方式关闭时，执行了手动操作。

b. 当机床锁住时执行了手动操作。

c. 使用镜像时。

d. 在轴返回参考点的过程中执行了手动操作。

e. 当程序重新启动是在跳过的程序段和绝对指令程序段之间的程序段指令时。

小结：数控铣床的操作步骤

在进行零件加工准备工作之后：

开机

数控铣床在开机前，应先进行机床的开机前检查。一切没有问题之后，先打开机床总电源，然后打开控制系统电源。在显示屏上应出现机床的初始位置坐标。检查操作面板上的各指示灯是否正常，各按钮、开关是否处于正确位置；显示屏上是否有报警显示，若有问题应及时予以处理；气压和液压装置的压力表是否在所要求的范围内。若一切正常，就可以进行下面的操作。

回参考点

开机正常之后，机床应首先进行手动回零操作。将主功能键设在“回零”位置，按下回零操作键，进行手动回零。先按下+Z键，再按下+X 键、+Y 键，各轴回到机床的机械零点，显示屏上出现零点标志，表示机床已回到机床零点位置。

工件装夹

将钳安装在机床工作台上，并用百分表调整钳口与机床 X 轴的平行度，控制在 0.01mm 之内。将工件装夹在虎钳上，用百分表检查工件的上表面是否上翘。

输入刀具补偿值

根据刀具的实际尺寸和位置，将刀具长度补偿值输入到刀具补偿中的地址，将刀具半径补偿值输入到刀具补偿中的地址。

编辑并调用程序

按下 MDI 面板上的 PROG 键，进入加工程序编辑。在此状态下可通过手动数据输入方式或 RS-232 接口将加工程序输入机床，可对程序进行编辑和修改。调用加工用的程序。

程序调试

把主轴箱抬高，锁住 Z 轴，按下启动键，适当降低进给速度，检查刀具运动是否正确。

对刀及参数输入

①装刀。将铣刀装夹在弹簧夹头刀柄上，根据工件轮廓高度确定铣刀在弹簧夹头刀柄上的伸出长度。

②对刀设定工件坐标系。

X、Y 向对刀并输入零偏参数：

通过寻边器或试切进行对刀操作得到 X、Y 零偏值，并输入到一个坐标系（如 G54）中。

Z 向对刀并输入零偏参数：

用 Z 轴设定器或试切对刀得到 Z 轴零偏值，并输入到一个坐标系（如 G54）中。

自动加工

在以上操作完成后，可进行自动加工，加工步骤如下。

①工件坐标系的 z 值恢复原值，将进给速度打到低挡。

②选择主功能的自动执行状态。

③选择要执行的零件程序。

④显示工件坐标系。

⑤按下循环启动键。

⑥机床加工时适当调整主轴转速和进给速度，保证加工正常。

⑦在自动加工中如遇突发事件，应立即按下急停按钮。

测量工件

程序执行完毕，返回到设定高度，机床自动停止。用游标卡尺测量主要尺寸，如轮廓的长度尺寸和高度尺寸，根据测量结果修改刀具补偿值，重新执行程序，加工工件，直到达到加工要求。加工完毕，取下工件，对照图纸上标注的尺寸和技术要求进行测量，并对测量结果进行质量分析，如不合格，找出原因，采取改进措施。

结束加工、关机

关机，松开夹具，卸下工件。当一天的加工结束后应进行加工现场的清理。若全部零件加工完毕，还应对所有的工具、量具、工装、加工程序、工艺文件等进行整理。

三、加工实例

（一）加工要求

加工如图 5－87 所示零件。零件材料为 45 钢，单件生产。零件毛坯已加工到尺寸。

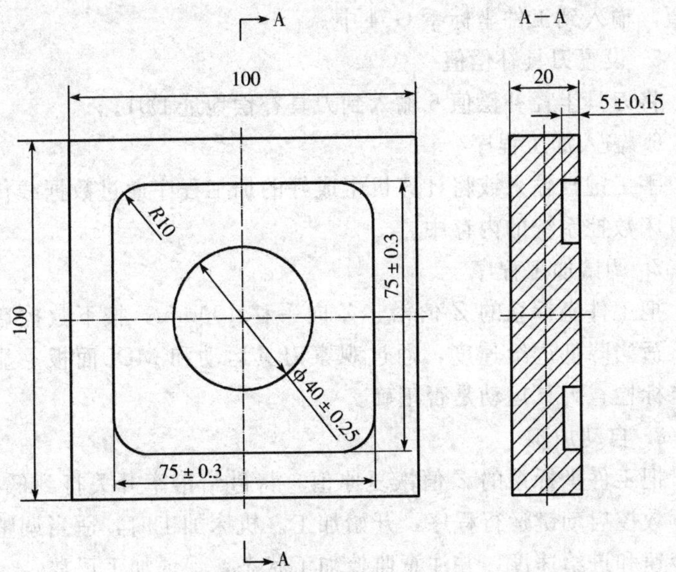

图 5－87　数控铣床加工练习

选用设备：XK714F 数控铣床

（二）准备工作

做好相关准备工作，包括工艺分析及工艺路线设计、刀具及夹具的选择、程序编制等。具体可参照以前章节。

（三）操作步骤及内容

1. 检查机床状况。开机，各坐标轴回参考点

2. 刀具安装：

根据加工要求选择 Φ10 高速钢键槽铣刀，用弹簧夹头刀柄装夹后将其装上主轴。

3. 清洁工作台，安装夹具和工件并找正。

4. 对刀设定工件坐标系

1）用试切法对刀，确定 X、Y 向的零偏值，将 X、Y 向的零偏值输入到工件坐标系 G54 中；

2）将加工所用刀具装上主轴，试切上表面，确定 Z 向的零

偏值，输入到工件坐标系 G54 中。

5. 设置刀具补偿值

将刀具半径补偿值 5 输入到刀具补偿地址 D01。

6. 输入加工程序

手工键盘输入或将计算机生成好的加工程序通过数据线传输到机床数控系统的内存中。

7. 调试加工程序

把工件坐标系的 Z 值沿 $+Z$ 向平移 100mm，按下数控启动键，适当降低进给速度，通过观察刀具运动和 MDI 面板上显示的坐标检查刀具运动是否正确。

8. 自动加工

把工件坐标系的 Z 值恢复原值，将进给倍率开关打到低档，按下数控启动键运行程序，开始加工。机床加工时，适当调整主轴转速和进给速度，并注意监控加工状态，保证加工正常。

9. 取下工件，用游标卡尺进行尺寸检测

10. 清理加工现场

11. 关机

第五节　加工中心的操作与加工

进入本节前，请确认是否掌握了《第五章　第三节数控铣床的操作与加工的全部内容》。

一、加工中心的控制面板

加工中心铣床的操作面板由数控系统生产厂商公司提供，会因机床的数控系统配置而不同。本节以 FANUC 0i M 为例。

1. 加工中心数控系统的显示/MDI 单元

一般来说，采用相同数控系统的机床，显示/MDI 单元部分完全相同。采用 FANUC 0i M 的加工中心与铣床的显示/MDI 单元部分也是完全相同的。请参阅第五章第三节数控铣床显示/MDI单元部分。

2. 加工中心的控制面板

通过前面的章节，我们知道加工中心最初是从数控铣床发展而来的。加工中心同样是由计算机数控系统（CNC）、伺服系统、机械本体、液压系统等各部分组成。但加工中心又不等同于数控铣床，加工中心与数控铣床的最大区别在于加工中心具有自动交换刀具的功能，可在一次装夹中通过自动换刀装置改变主轴上的加工刀具，实现钻、镗、铰、攻螺纹、切槽等多种加工功能。因此，加工中心的控制面板除具有与数控铣床一样的部分外，还增加了刀库控制的相应操作开关。（表 5 - 14）

二、加工中心的基本操作

1. 加工中心的启动、关闭

与数控铣床的操作相同，请参阅第五章第三节数控铣床的基本操作部分。

2. 刀库校准操作

加工中心的刀库校准操作会因机床型号、数控系统或床身配置不同而存在差异。部分型号的加工中心甚至不需要校准刀库。因此，使用前必须仔细阅读相应说明书。

本小节以北京机电研究院高技术股份有限公司生产的BV - 75立式加工中心为例，简要介绍加工中心的刀库校准操作。

表 5 - 14　刀库控制开关

序号	按　键	功能	说　明
1	DRUM－ZERO	刀库回零	刀库回到机床参考位置
2	DRUM－CW	刀库正转	刀库正转，当前对应的 T 编号增加（T01→T02）
3	DRUM－CCW	刀库反转	刀库反转，当前对应的 T 编号增加（T01→T02）

注意：部分加工中心控制面板上还会出现“刀具松开”、“刀具夹紧”等按钮，这些按键的功能与主轴上的按钮（有些机床的主轴上无刀具松紧按钮）是完全相同。在JOG或HANDLE方式下一定要小心误按这些键。否则主轴上的刀具将会掉落，损坏刀具并砸伤工作台和已经装卡的工件。

1）盘式刀库及圆盘式刀库校准必须在三轴回零后才可在手动（JOG）方式下进行。

①确认机床是否已经被正确的执行了回参考点操作，如果还没有回参考点应先执行回参考点的操作。

②转动方式选择旋钮，调节工作模式为“手动”（JOG）。

在手动方式下，确认刀库缺口处当前是否是第一号刀，如果不是，请利用刀库正转键（DRUM－CW）或刀库反转键（DRUM－CCW）将第一号刀套号对准刀库缺口处。

③按刀库1＃刀位键（DRUM－ZERO），校准灯被点亮（在JOG方式下有效）。

④刀库校准结束，同时1001号报警自动消除。

2）链条式机械手刀库校准必须在REF方式下。

①转动方式选择旋钮，调节工作模式为“回参考点”（REF）方式。

②按一下1＃刀位键，刀库自动按最短路径方向转动到1号刀套处并停止。

③1＃刀位键指示灯在刀库确认1号刀位后自动点亮。

④刀库校准结束，同时1001号报警自动消除。

注：若当前刀库就停在1号刀位，刀库并不转动而1＃刀位指示灯亮。

3. 机床手动操作与程序管理

手动连续进给（JOG）、手轮控制（Handle）、程序编辑与管理（Program）与数控铣床的操作完全相同，本节不再赘述，请参阅第五章第三节数控铣床的基本操作部分。

4. 加工中心刀具的安装

完成当前加工所需要的刀具比较多时，应将全部刀具在加工之前根据工艺设计放置到刀库中，并给每一把刀具设定刀具号码，然后由程序调用。具体步骤如下：

首先确认机床是否已经执行过回参考点和刀库校准操作。

根据工艺要求刀具在刀库中的实际编号和程序设计的刀具号一一对应。

转动方式选择旋钮，调节工作模式为“MDI”。

手动输入并执行换刀程序，如“T1 M06；”。

转动方式选择旋钮，调节工作模式为“手动”（JOG）或“手轮”（Handle）。

按照数控铣床刀具安装的方法，手动将1号刀具装入主轴，此时主轴上刀具即为1号刀具。

设定刀具补偿。同数控铣床设定刀具补偿方法。

转动方式选择旋钮，调节工作模式为“MDI”。

依次手动输入并执行“T02 M06”。

转动方式选择旋钮，调节工作模式为“手动”（JOG）或“手轮”（Handle）。

手动将2号刀具装入主轴，此时主轴上刀具即为2号刀具。

设定刀具补偿。

其他刀具按照以上步骤依次放入刀库并设置相应刀具补偿。

5. 注意事项

1）装入刀库的刀具必须与程序中的刀具号一一对应，否则程序将不会被正常的执行，会导致加工的零件报废甚至机床损坏。

2）交换刀具时，主轴上的刀具不能与刀库中的刀具号重号。比如主轴上已是“1”号刀具，则不能再从刀库中调“1”号刀具。

3）部分采用盘式刀库的加工中心可能会发生换刀干涉，即本应放置刀库取下的刀的空刀位上已经装有刀，因此，事先应检查并确认。防止撞伤刀库和刀具。

小结：加工中心的操作步骤

在进行零件加工准备工作之后：

开机

数控铣床在开机前，应先进行机床的开机前检查。一切没有问题之后，先打开机床总电源，然后打开控制系统电源。在显示屏上应出现机床的初始位置坐标。检查操作面板上的各指示灯是否正常，各按钮、开关是否处于正确位置；显示屏上是否有报警显示，若有问题应及时予以处理；气压和液压装置的压力表是否在所要求的范围内。若一切正常，就可以进行下面的操作。

回参考点

开机正常之后，机床应首先进行手动回零操作。将主功能键设在“回零”位置，按下回零操作键，进行手动回零。先按下$+Z$键，再按下$+X$键、$+Y$键，各轴回到机床的机械零点，显示屏上出现零点标志，表示机床已回到机床零点位置。

刀库校准 *

按机床的要求校准刀库。

工件装夹

将钳安装在机床工作台上，并用百分表调整钳口与机床X轴的平行度，控制在0.01mm之内。将工件装夹在虎钳上，用百分表检查工件的上表面是否上翘。

安装刀具并输入刀具补偿值

按照工艺和程序的要求，正确地将刀具安装到刀库中，根据刀具的实际尺寸和位置，将刀具长度补偿值输入到刀具补偿中的地址，将刀具半径补偿值输入到刀具补偿中的地址。

编辑并调用程序

按下MDI面板上的PROG键，进入加工程序编辑。在此状态下可通过手动数据输入方式或RS-232接口将加工程序输入机床，可对程序进行编辑和修改。调用加工用的程序。

程序调试

把主轴箱抬高，锁住Z轴，按下启动键，适当降低进给速度，检查刀具运动是否正确。

对刀及参数输入

①装刀。将铣刀装夹在弹簧夹头刀柄上，根据工件轮廓高度确定铣刀在弹簧夹头刀柄上的伸出长度。

②对刀设定工件坐标系

X、*Y* 向对刀并输入零偏参数：

通过寻边器或试切进行对刀操作得到 *X*、*Y* 零偏值，并输入到一个坐标系（如 G54）中。

Z 向对刀并输入零偏参数：

用 *Z* 轴设定器或试切对刀得到 Z 轴零偏值，并输入到一个坐标系（如 G54）中。

自动加工

在以上操作完成后，可进行自动加工，加工步骤如下。

①把工件坐标系的 *z* 值恢复原值，将进给速度打到低挡。

②选择主功能的自动执行状态。

③选择要执行的零件程序。

④显示工件坐标系。

⑤按下循环启动键。

⑥机床加工时适当调整主轴转速和进给速度，保证加工正常。

⑦在自动加工中如遇突发事件，应立即按下急停按钮。

测量工件

程序执行完毕，返回到设定高度，机床自动停止。用游标卡尺测量主要尺寸，如轮廓的长度尺寸和高度尺寸，根据测量结果修改刀具补偿值，重新执行程序，加工工件，直到达到加工要求。加工完毕，取下工件，对照图纸上标注的尺寸和技术要求进行测量，并对测量结果进行质量分析，如不合格，找出原因，采取改进措施。

结束加工、关机

关机，松开夹具，卸下工件。当一天的加工结束后应进行加工现场的清理。若全部零件加工完毕，还应对所有的工具、量具、工装、加工程序、工艺文件等进行整理。如加工中心长期不用，应将刀库上的刀具卸下。

三、加工实例

（一）加工要求

加工如图 5-88 所示零件。零件材料为 45 钢，单件生产。零件毛坯已加工到尺寸。

选用设备：BV75 加工中心

（二）准备工作

加工以前完成相关准备工作，包括工艺分析及工艺路线设计、刀具及夹具的选择、程序编制等。

（三）操作步骤及内容

1. 开机，各坐标轴手动回机床原点。

2. 刀具准备：检查机床状况。开机，各坐标轴回参考点。

3. 刀具安装：

根据加工要求选择 Φ 20 立铣刀、Φ 5 中心钻和 Φ 8 麻花钻，制订工艺时应设定好其对应的道具编号 T。将每一把刀具安装到刀库中，再次检查刀具的实际编号与程序及工艺卡片是否完全一致。

4. 清洁工作台，安装夹具和工件并找正。

5. 对刀设定工件坐标系。

1）用试切法对一号刀（T01），确定 X、Y 向的零偏值，将 X、Y 向的零偏值输入到工件坐标系 G54 中；

2）更换刀具，试切上表面，确定 Z 向的零偏值，输入到工件坐标系 G54 中。

6. 设置刀具补偿值。

将刀具半径补偿值输入到相应刀具补偿地址 D 中。

7. 输入加工程序。

手工键盘输入或将计算机生成好的加工程序通过数据线传输到机床数控系统的内存中。

8. 调试加工程序。

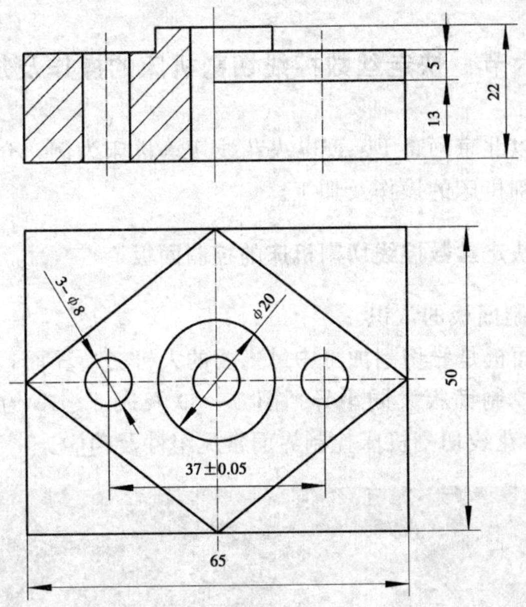

图 5-88 加工中心练习零件

把工件坐标系的 Z 值沿＋Z 向平移 100mm，按下数控启动键，适当降低进给速度，通过观察刀具运动和 MDI 面板上显示的坐标检查刀具运动是否正确。

9. 自动加工。

把工件坐标系的 Z 值恢复原值，将进给倍率开关打到低档，按下数控启动键运行程序，开始加工。机床加工时，适当调整主轴转速和进给速度，并注意监控加工状态，保证加工正常。

10. 取下工件，用游标卡尺进行尺寸检测。

11. 清理加工现场。

12. 关机。

第六节　快走丝数控线切割机床的操作及加工

本书以北京阿奇 Fw 型电火花线切割机床为例，介绍快走丝数控线切割机床的操作及加工。

一、快走丝数控线切割机床的控制面板

1. 控制面板的认识

控制面板是线切割加工中最主要的人机交换界面，各个线切割机床的控制面板大同小异，图 5－89 及表 5－15 为北京阿奇 Fw 型电火花线切割机床控制界面常见组件及功能。

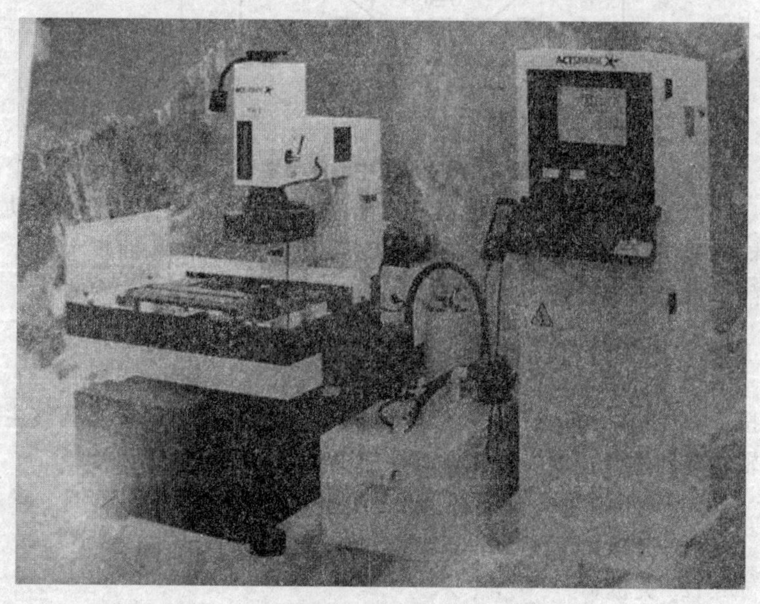

图 5－89　北京阿奇 Fw 型电火花线切割机床

表 5-15　**控制界面常见组件及功能**

组件名称	作用及使用方法
CRT 显示器	显示人机交换的各种信息，如坐标、程序
电压表	指示加工时流过放电间隙两端的平均电压（即加工电压）
电流表	指示加工时流过放电间隙两端的平均电流（即加工电流），当加工稳定时，电流表指针稳定；加工不稳定时，电流表指针急剧左右摆动
主电源开关	合上后，机床通电。不用时，要关断
启动按钮	绿色按钮按下后，灯亮，机器启动。在加工中，首先合上主电源开关，再按绿色启动按钮
急停按钮	红色蘑菇状按钮，在加工中遇到紧急情况即按此按钮，机器立即断电并停止工作。机器要重新启动时，必须顺时针拧出急停按钮，否则按启动按钮机器也不能启动
键盘	与普通计算机相同
鼠标	与普通计算机相同
手控盒	具体用法见表 5-16
软盘驱动器	与普通计算机相同，在线切割中主要用来读写图形文件。如当切割较复杂零件时，线切割机床自带的绘图软件不方便绘制，可以先用 Auto CAD 等绘图软件绘制，然后存在软盘里通过软盘驱动器输入

2. 手控盒的操作（见表 5-16）

表 5-16　**手控盒使用方法**

序号	按键图标	作用及使用方法
1	[→→→] [→→] [→]	点移动速度键：分别代表高、中、低速，与 *X*、*Y*、*Z* 坐标键配合使用，开机为中速。在实际操作中如果选择了点动高速挡，使用完毕后，最好习惯性地选择点动中速挡

续表

序号	按键图标	作用及使用方法
2	+X −X +Y −Y +Z −Z +U/+C −U/−C	点动移动键：指定轴及运动方向。定义如下：面对机床正面，工作台向左移动（相当于电极丝向右移动）为＋X，反之为－X；工作台移近工作台为＋Y，远离为－Y；U 轴与 X 轴平行，V 轴与 Y 轴平行，方向定义与 X、Y 轴相同。点动移动键要与点移动速度键结合使用。如要高速向＋X 方向移动，则先选择高速点移动速度键，再按住点移动键 +X。＋Z、－Z、＋C、－C 在线切割机中无效
3		PUMP 键：加工液泵开关。按下开启，再按停止，开机时为关。开启加工液泵功能与 T84 代码相同，关闭液泵功能与 T85 代码相同
4		忽略解除感知键：当电极丝与工件接触后，按住此键，再按手控盒上的轴向键，能忽略接触感知继续进行轴的移动，此键仅对当前的一次操作有效。此键功能与 M05 代码相同
5		HALT（暂停）键：在加工状态，按下此键将使机床动作暂停。此键功能与 M00 代码相同
6		ACK（确认）键：在出错或某些情况下，其他操作被中止，按此键确认。系统一般会在屏幕上提示
7		WR 键：启动或停止丝筒运转。按下运转（相当于 T86 代码），再按停止（相当于 T87 代码）

续表

序号	按键图标	作用及使用方法
8		ENT（确认）键：开始执行 NC 程序或手动程序，也可以按键盘上的 Enter 键
9	R	RST（恢复加工）键：加工中按暂停键，加工暂停，按此键恢复暂停的加工
10		OFF 键：中断正在执行的操作。在加工中一旦按 OFF 键后确认中止加工，则按 RST（恢复加工）键不可以从中止的地方再继续加工，所以要慎重操作

注：其他键在本系统中无效，属于电火花成形机床使用键。在手动、自动模式，只要未按 F 功能键，未执行程序，即可用手控盒操作。注意，每次开、关机的时间间隔要大于 10 秒钟，否则有可能出现故障。

二、线切割机床操作

1. 线切割机床 Z 轴行程的调整

线切割加工时，高速走丝机床的上导轮（或低速走丝机床的上导向器）与下导轮（或下导向器）的距离由加工工件的厚度决定。上导轮与下导轮的距离越小，电极丝运行时振动的振幅越小，加工粗糙度越低。线架的下臂是固定的，上臂是可调的。高速走丝线切割机床是靠手摇手轮调整 Z 轴行程，低速走丝线切割机床是按 Z 向键自动调整 Z 轴行程。要注意的是，高速走丝机床在调整 Z 轴行程前须松开锁紧螺钉，调整后须固紧锁紧螺钉，而低速走丝线切割机床是自动锁紧。Z 轴行程即上臂升降的位置由工件上表面决定，高速走丝线切割机床的上臂下表面与工件上表面的距离一般是 10～20mm，低速走丝线切割机床 Z 轴行程的调整按说明书要求确定。例如北京阿奇公司的 XENON 低速走丝线切割机要求工件上表面与喷嘴端面距离保持在0.05～0.10mm。

2. 线切割机床的上丝及穿丝操作

(1) 上丝操作

上丝的过程是将电极丝从丝盘绕到高速走丝线切割机床贮丝筒上的过程。对不同的机床操作可能略有不同，下面以北京阿奇公司的 Fw 系列为例说明上丝的三个要点（如图 5－90，图5－91 所示）。

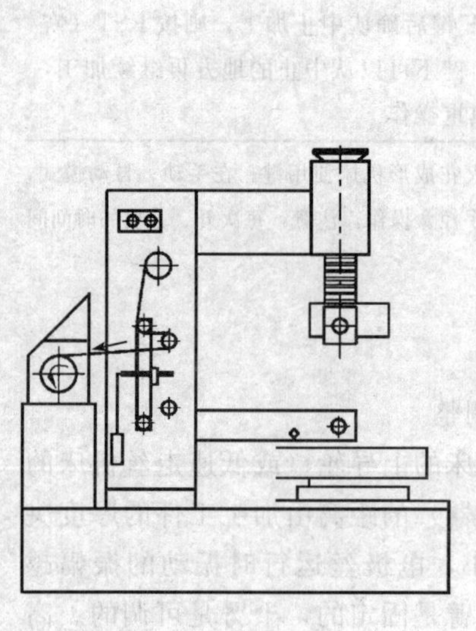

图 5－90　上丝示意图

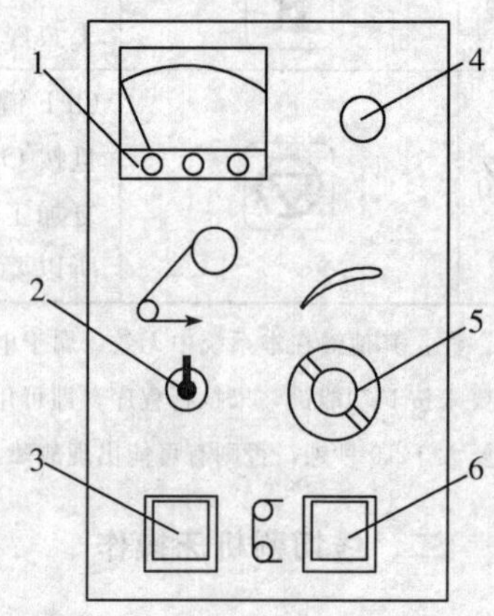

1—上丝电机电压泵　2—上丝电机启停开关　3—丝筒运转开关　4—紧急停止开关　5—上丝电机电压调节按钮　6—丝筒停止开关

图 5－91　贮丝筒操作面板

①上丝以前，要先移开左、右行程开关，再启动丝筒，将其移到行程左端或右端极限位置（目的是将电极丝上满，如果不需要上满，则需与极限位置有一段距离）；

②上丝过程中要打开上丝电机起停开关，并旋转上丝电机电压调节按钮以调节上丝电机的反向力矩（目的是保证上丝过程中电极丝上有均匀的张力）

③按照机床的操作说明书，按上丝示意图提示将电极丝从丝盘绕到贮丝筒上。

注意：应在上丝前试好左右行程开关与丝筒旋转方向、丝筒移动方向的对应关系，以确定上丝时启动的行程开关。

（2）穿丝操作

穿丝操作三个要点：

①拉动电极丝头，按照操作说明书依次绕接各导轮、导电块至贮丝筒。在操作中要注意手的力度，防止电极丝打折。

②穿丝开始时，首先要保证贮丝筒上的电极丝与辅助导轮、张紧导轮、主导轮在同一个平面上（注：非常重要!），否则在运丝过程中，贮丝筒上的电极丝会重叠，从而导致断丝。

③穿丝后人工启动行程开关时，要注意丝筒移动的方向，并要调整左右行程挡杆，使贮丝筒左右往返换向时，贮丝筒左右两端留有 3～5mm 的电极丝余量。

3. 电极丝垂直度的调整

在进行精密零件加工或切割锥度等情况下需要重新校正电极丝对工作台平面的垂直度。电极丝垂直度找正的常见方法有两种，一种是利用找正块，另一种是利用校正器。

（1）利用找正块进行火花法找正

找正块是一个六方体或类似六方体［如图 5-92（a）所示］。在校正电极丝垂直度时，首先目测电极丝的垂直度，若明显不垂直，则调节 *U*，*V* 轴，使电极丝大致垂直工作台；然后将找正块放在工作台上，在弱加工条件下，将电极丝沿 *X* 方向缓缓移向找正块。当电极丝块碰到找正块时，电极丝与找正块之间产生火花放电，肉眼观察产生的火花。若火花上下均匀［如图 5-92（b）所示］，则表明该方向上电极丝垂直度良好；若下面火花多［如图 5-92（c）所示］，则说明电极丝右倾，故将 *U* 轴的值调小，直至火花上下均匀；若上面火花多［如图 5-92（d）所示］，则说明电极丝左倾，故将 *U* 轴的值调大，直至火花上下均匀。

同理，调节 V 轴的值，使电极丝在 V 轴垂直度良好。

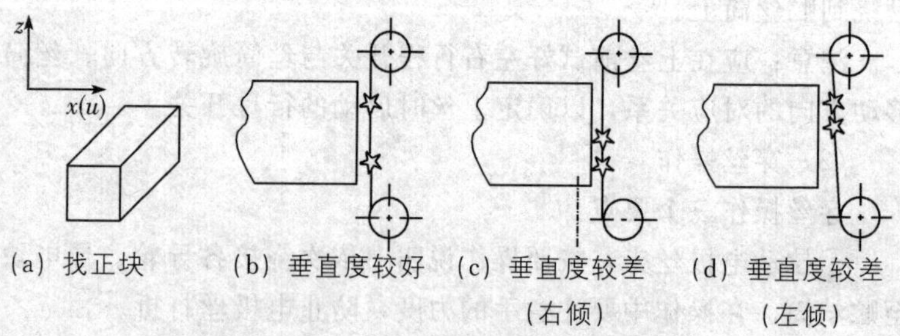

(a) 找正块　(b) 垂直度较好　(c) 垂直度较差（右倾）　(d) 垂直度较差（左倾）

图 5－92　火花法校正电极丝垂直度

在用火花法校正电极丝的垂直度时，需要注意几点：

①找正块使用一次后，其表面会留下细小的放电痕迹。下次找正时，要重新换位置，不可用有放电痕迹的位置碰火花校正电极丝的垂直度。

②在精密零件加工前，分别校正 U，V 轴的垂直度后，需要再检验电极丝垂直度校正的效果。具体方法是：重新分别从 U，V 轴方向碰火花，看火花是否均匀。若 U，V 方向上火花均匀，则说明电极丝垂直度较好；若 U，V 方向上火花不均匀，则重新校正，再检验。

③在校正电极丝垂直度之前，电极丝应张紧，张力与加工中使用的张力相同。

④在用火花法校正电极丝垂直度时，电极丝要运行，以免电极丝断丝。

（2）用校正器进行校正

校正器是一个触点与指示灯构成的光电校正装置，电极丝与触点接触时指示灯亮。它的灵敏度较高，使用方便且直观。底座用耐磨不变形的大理石或花岗岩制成（见图 5－93）。

使用校正器进行校正电极丝垂直度的方法与火花法大致相似（见图 5－94），主要区别是：火花法是观察火花上下是否均匀，而用校正仪则是观察指示灯。若在校正过程中，指示灯同时亮，则说明电极丝垂直度良好，否则需要校正。

在使用校正器校正电极丝的垂直度中，要注意几点：

①电极丝停止运行，不能放电；

②电极丝应张紧，电极丝的表面应干净；

③若加工零件精度高，则电极丝垂直度在校正后需要检查，其方法与火花法类似。

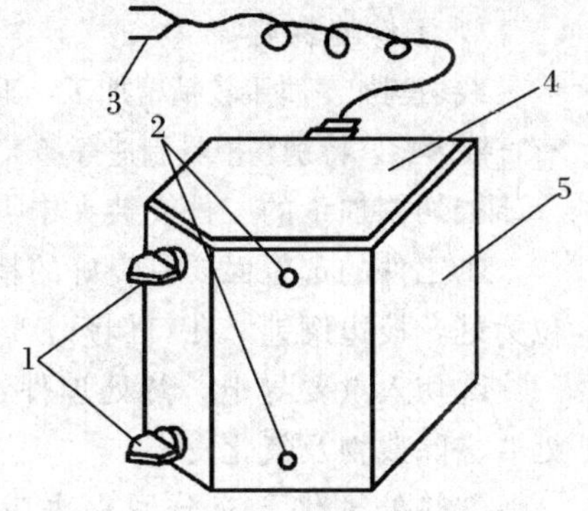

1—上下测量头　2—上下指示灯
3—导线及夹子　4—盖板　5—支座

图 5-93　DF55-J50A 型垂直度校正器

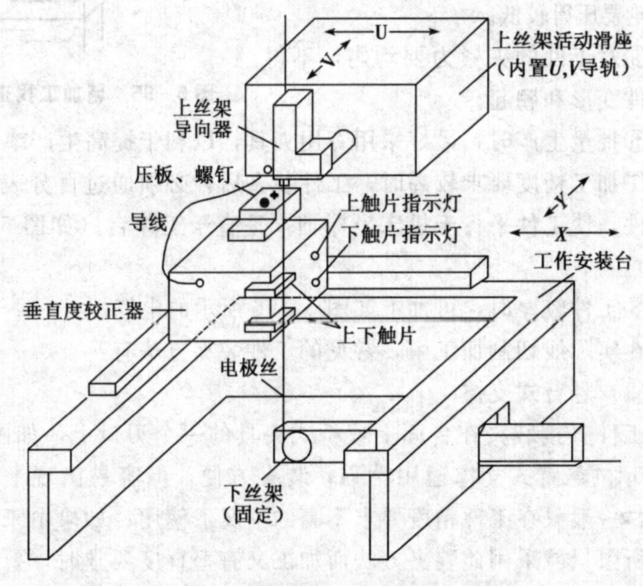

图 5-94　垂直度校正器校正工件

4. 工件的装夹

线切割加工属于较精密加工，工作的装夹对加工零件的定位精度有直接影响，特别在模具制造等加工中，需要认真仔细地装夹工件。

线切割加工的工件在装夹中需要注意如下几点：

①工件的定位面要有良好的精度，一般以磨削加工过的面定位为好，棱边倒钝，孔口倒角。

②切入点要导电，热处理件切入处要去除残物及氧化皮。

③热处理件要充分回火去应力，平磨件要充分退磁。

④工件装夹的位置应利于工件找正，并应与机床的行程相适应，夹紧螺钉高度要合适，避免干涉到加工过程，上导轮要压得较低。

⑤对工件的夹紧力要均匀，不得使工件变形和翘起。

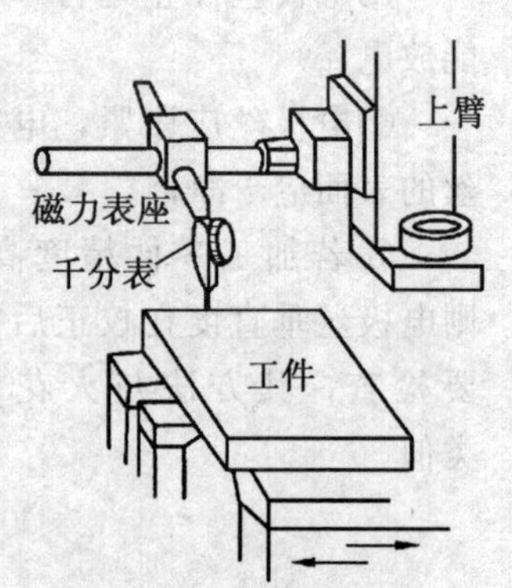

图 5-95　精加工找正

⑥批量生产时，最好采用专用夹具，以利于提高生产率。

⑦加工精度要求较高时，工件装夹后，必须通过百分表来校正工件，使工件平行于机床坐标轴，垂直于工作台（如图 5-95 所示）。

⑧工件较厚时，可加上如图 5-96 所示的电缆。

在实际线切割加工中，常见的工件装夹方法有：

(1) 悬臂式支撑

工件直接装夹在台面上或桥式夹具的一个刃口上，如图 5-97 所示的悬臂式支撑通用性强，装夹方便，但容易出现上仰或倾斜，一般只在工件精度要求不高的情况下使用。如果由于加工部位所限只能采用此装夹方法而加工又有垂直度要求时，要拉表找正工件上表面。

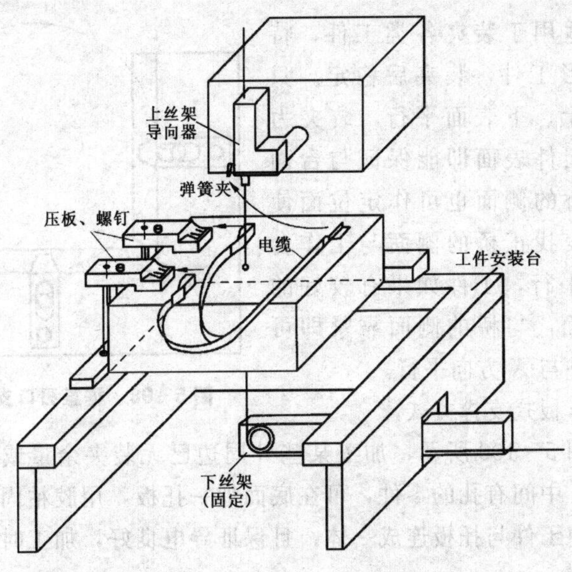

图 5－96 较厚工件的装夹

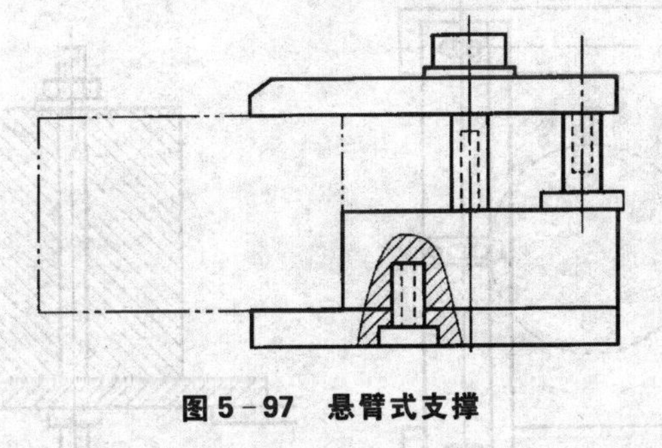
图 5－97 悬臂式支撑

(2) 垂直刃口支撑

如图 5－98 所示，工件装在具有垂直刃口的夹具上，此种方法装夹后工件也能悬伸出一角便于加工。装夹精度和稳定性较悬伸式为好，也便于拉表找正，装夹时注意夹紧点对准刃口。

(3) 桥式支撑方式

如图 5－99 所示，此种装夹方式是快走线切割最常用的装夹方法，适用于装夹各类工件，特别是方形工件，装夹后稳定。只要工件上、下表面平行，装夹力均匀，工件表面即能保证与台面平行。桥的侧面也可作定位面使用，拉表找正桥的侧面与工作台 X 方向平行，工件如果有较好的定位侧面，与桥的侧面靠紧即可保证工件与 X 方向平行。

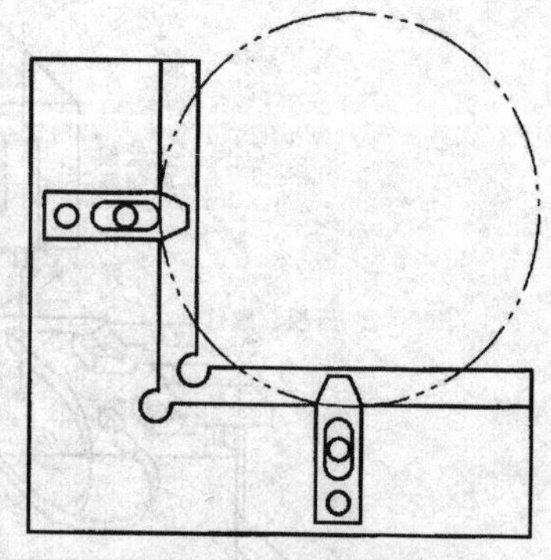

图 5-98　垂直刃口支撑

（4）板式支撑方式

如图 5-100 所示，加工某些外周边已无装夹余量或装夹余量很小、中间有孔的零件，可在底面加一托板，用胶粘固或螺栓压紧，使工件与托板连成一体，且保证导电良好，加工时连托板一块切割。

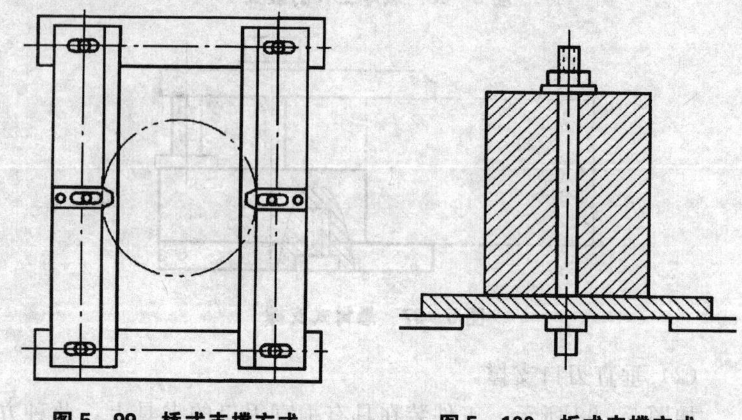

图 5-99　桥式支撑方式　　**图 5-100　板式支撑方式**

（5）分度夹具装夹

①轴向安装的分度夹具：如小孔机上弹簧夹头的切割，要求沿轴向切两个垂直的窄槽，即可采用专用的轴向安装的分度夹具，如图 5-101 所示。分度夹具安装于工作台上，三爪内装一

检棒，拉表跟工作台的 X 或 Y 方向找平行，工件安装于三爪上，旋转找正外圆和端面。找中心后切完第一个槽，旋转分度夹具旋钮，转动 90°，切另一槽。

②端面安装的分度夹具：如加工中心上链轮的切割，其外圆尺寸已超过工作台行程，不能一次装夹切割，即可采用分齿加工的方法。如图 5－102，工件安装在分度夹具的端面上，通过心轴定位在夹具的锥孔中，一次加工 2～3 齿，通过连续分度完成一个零件的加工。

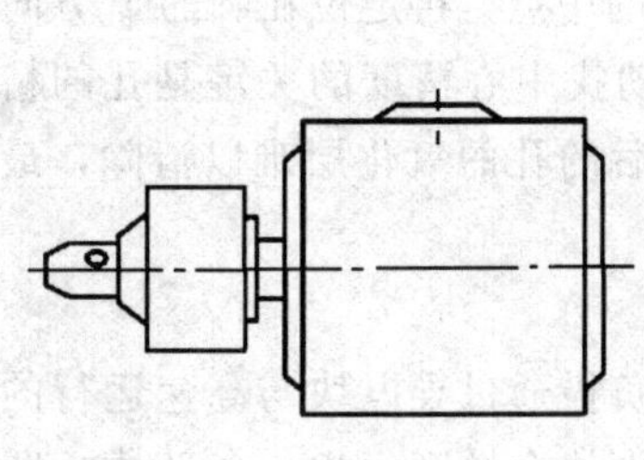

图 5－101　轴向安装的分度夹具

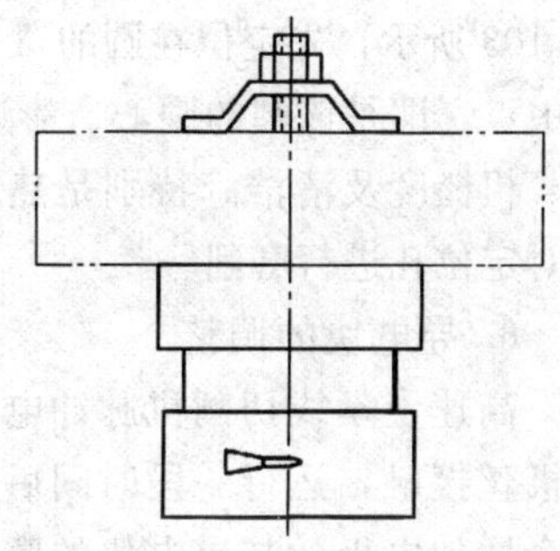

图 5－102　端面安装的分度夹具

5. 电极丝的定位

有些工件，线切割的加工部位要以已加工好的外形面或圆孔、矩形孔为定位基准时，就须先确定电极丝在这些定位基准中的位置。例如，确定电极丝与外形面相切时的位置，确定电极丝在圆孔、矩形孔的中心位置，再按程序移动电极丝到加工部位进行加工，这样才能保证工件的位置精度。一般的线切割机床，都具有自动找端面功能、自动找中心功能。

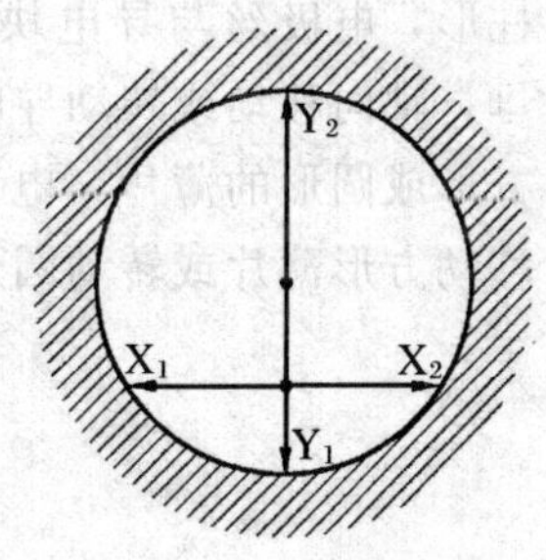

图 5－103　自动找中心

(1) 自动找端面

自动找端面是靠检测电极丝与工件之间的短路信号来进行的，可分为粗定位和精定位两种。把增量进给按键置于×100或×1000位置时为粗定位；把增量进给按键置于×1或×10位置时为精定位，一次进给0.001mm或0.01mm。对于高精度零件，要进行多次精定位，用平均值求出定位坐标值。

（2）自动找中心

和自动找端面的原理相同。找孔中心时，系统自动先后对 X，Y 两轴的正负两方向定位，自动计算平均值，并定位在中点，如图5-103所示，先定位在圆的 X 方向的中点，再定位在圆的 Y 方向的中点，即是该圆的圆心。影响自动找中心精度的关键是孔的精度、粗糙度及清洁。特别是热处理后的孔的氧化层难以清除，最好对定位孔进行磨削。

6. 导电块的调整

高速走丝线切割机脉冲电源的负极通过导电块与高速运行的电极丝接触，运行一段时间后，导电块会被磨损出一条凹槽，凹槽会增加电极丝与导电块的摩擦，加大电极丝的纵向振动，影响加工精度和表面粗糙度，因此，在适当的时候就应调整导电块的位置，让电极丝避开磨损的凹槽。导电块有两种结构，一种是圆柱形，电极丝与导电块的圆柱面接触导电。调整方法：松开螺母，轴向移动或转动导电块，避开凹槽，再紧固螺母。另一种是方形或圆形的薄片，电极丝与导电块大面接触导电。调整方法：移动方形薄片或转动圆形薄片，避开凹槽。

第六章　数控机床的维护及故障处理

第一节　数控机床的维护与保养

一、数控机床操作维护规程基本内容

数控机床操作维护规程是指导正确使用和维护设备的技术性规范，操作人员必须严格遵守，以保证数控机床正常运行，减少故障，防止事故发生。数控机床操作维护规程基本内容有：

（1）班前清理工作场地，按日常检查卡规定项目检查各操作手柄、控制装置是否处于停机位置，安全防护装置是否完整、牢靠，查看电源是否正常，并做好检查记录。

（2）查看润滑、液压装置及油脂、油量，按润滑图表规定指示加油，保证油液清洁，油路畅通，润滑良好。

（3）确认各部位正常后，方可空车启动设备。先空车低速运转 3～5 分钟，查看各部位运转正常，润滑良好，方可进行工作，不得超负载、超规范使用。

（4）工件必须装夹牢固，禁止在机床上敲击夹紧工件。

（5）合理调整各部位行程机械挡块，固定正确后夹紧。

（6）操纵变速装置必须切实转换到固定位置，使其啮合正常。要停机变速时，不得用反车制动变速。

（7）数控机床运转中要经常注意各部位定位情况，如有异常应该停机处理。操作者要注意保留现场，并向维修人员如实说明出现故障前后的情况，以利于分析、诊断出故障的原因，及时排除。

（8）测量工件、更换工装、拆卸工件都必须停机进行。离开机床时必须切断电源。

（9）数控机床的基准面、导轨、润滑面要注意保养，保持清

洁，防止损伤。

(10) 防止灰尘污物进入数控装置内部。在机加工车间的空气中一般都会有油雾、灰尘甚至金属粉末，一旦它们落在数控系统内的电路板或电子器件上，容易引起元器件间绝缘电阻下降，甚至导致元器件及电路板损坏。有的用户在夏天为了使数控系统能超负荷长期工作，采取打开数控柜的门来散热，这是一种极不可取的方法，其最终将导致数控系统的加速损坏，应该尽量减少打开数控柜和强电柜门。

(11) 系统过热。应该检查数控柜上的各个冷却风扇工作是否正常。每半年或每季度检查一次风道过滤器是否有堵塞现象，若过滤网上灰尘积聚过多，不及时清理，会引起数控柜内温度过高。

(12) 系统的输入/输出装置的定期维护。20 世纪 80 年代以前生产的数控机床，大多带有光电式纸带阅读机，如果读带部分被污染，将导致读入信息出错。为此，必须按规定对光电阅读机进行维护。

(13) 电动机电刷的定期检查和更换。直流电动机电刷的过度磨损，会影响电动机的性能，甚至造成电动机损坏。为此，应对电动机电刷进行定期检查和更换。数控车床、数控铣床、加工中心等，应每年检查一次。

(14) 检查和更换存储用电池。一般数控系统内对 CMOS RAM 存储器件设有可充电电池维护电路，以保证系统不通电期间能保持其存储器的内容。在一般情况下，即使尚未失效，也应每年更换一次，以确保系统正常工作。电池的更换应在数控系统供电状态下进行，以防更换时 RAM 内信息丢失。

(15) 电路板的维护。备用的印制电路板长期不用时，应定期装到数控系统中通电运行一段时间，以防损坏。

(16) 工作完毕后和下班前应清扫机床设备，保持清洁，操作手柄、按钮等置于非工作位置，切断电源，办好交接手续。

(17) 机床精度的维护保养。定期进行机床水平和机械精度检查并校正。机械精度的校正方法有软硬两种。其软方法主要是通过系统参数补偿，如丝杠反向间隙补偿、各坐标定位精度定点补偿、机床回参考点位置校正等；硬方法一般要在机床大修时进行，如进行导轨修刮、滚珠丝杠螺母副预紧调整反向间隙等。

各类数控机床在制订操作维护规定时，除了上述基本内容外，还应该针对各类数控机床本身特点、操作方法、安全要求、特殊注意事项等列出具体要求，以便于操作人员遵守执行。

二、数控机床的日常维护与保养

数控机床与普通机床一样，使用寿命的长短和工作效率的高低，不仅取决于机床的精度和性能，很大程度上也取决于它的正确使用及维护。对数控机床进行精心的日常维护与保养，可延长电器元件的使用寿命，防止机械部件的非正常磨损，避免发生恶性事故，使机床始终处于良好的状态，尽可能地保持长时间的稳定工作。

要做好数控机床日常维护与保养工作，要求数控机床的操作人员必须经过专门培训，详细阅读数控机床的说明书，对机床有一个全面的了解，包括机床结构、特点和数控系统的工作原理等。各类数控机床日常维护的具体内容和要求不完全相同，但是维护期内的基本原则不变，以此可对数控机床进行定点、定时的检查与维护。以下是数控机床日常保养一览表（见表 6-1)。供制订有关保养制度时参考。

表 6-1　　数控机床日常保养一览表

序号	检查部位	检查保养内容			
		每天	每月	每半年	每年
1	压缩空气泵	检查气泵控制的压力是否正常	检查气泵工作状态是否正常、滤水管道是否畅通	检查空气管道是否渗漏	清洗气泵润滑油箱更换润滑油

续表1

序号	检查部位	检查保养内容			
		每天	每月	每半年	每年
2	气源自动分水器、自动空气干燥器	观察分油器中滤出的水分，及时清理	擦净灰尘，清洁空气过滤网	检查空气管道是否渗漏，清洗空气过滤器	全面清洗，更换过滤器
3	润滑油箱	观察油标上油面高，及时添加	检查润滑泵工作情况，油管接头是否松动、漏油	清洁润滑油箱，清洗过滤器	全面清洗，更换过滤器
4	切削液箱	观察箱内液面高度，及时添加	清理箱内积存切屑，更换切削液	清洗切线液箱，清洗过滤器	全面清洗，更换过滤器
5	各移动导轨副	清除切屑及赃物，用软布擦净导轨面，检查润滑情况及划伤与否	清理导轨滑动面上刮屑板	检查导轨副上的镶条，压板是否松动	检查导轨运动精度，进行校准
6	液压系统	观察箱体内液面高度，油压是否正常	检查各液压阀工作是否工作、油路是否畅通、接头处是否渗漏	清洗油箱，清洗过滤器	全面清洗油箱，各液压阀，更换过滤器
7	防护装置	清除切屑区内防护装置上的切屑与赃物，用软布擦净	用软布擦净各防护装置表面，检查有无松动	检查折叠式防护罩的衔接处是否松动	因维护需要，全面拆卸清理

续表 2

序号	检查部位	检查保养内容			
		每天	每月	每半年	每年
8	刀具系统	检查刀具夹持是否可靠，位置是否准确、刀具是否损伤	注意刀具更换后，重新佳持的位置是否正确	检查刀具是否完好，定位固定是否可靠	全面检查，必要时更换固定螺丝
9	换刀系统	观察转塔刀架定、刀库到位、机械手定位情况	检查刀架、刀库机械手的润滑情况	检查换刀动作的圆滑性，以无冲击为宜	清理主要零、部件，更换润滑油
10	CRT 显示屏及操作面板	注意报警显示，指示灯的显示情况	检查各轴限位及急停开关是否正常，观察 CRT 显示	检查面板上所有操作按钮、开关的功能情况	检查电气线路芯板等的连线情况，并清除灰尘
11	强电柜与数控柜	察看散热风扇是否正常、柜门是否关闭	清洗控制箱散热风扇的过滤网	清理电控箱内部，保持干净	检查所有电器的接触情况
12	滚珠丝杠	用油擦净丝杠暴露部位的灰尘和切屑	察看丝杠防护套，清理螺母防尘盖上的污物，丝杠表面涂油脂	测量各滚珠丝杠的反向间隙，予以调整或补偿	清洗滚珠丝杠上的油脂，更换新的油脂
13	电动机	察看各电动机运转是否正常	察看各电动机散热风扇工作是否正常	检查各电动机轴承噪声是否严重，必要时可更换	要检查直流电动机，对电刷磨损情况，必要时应及时更换

续表 3

序号	检查部位	检查保养内容			
		每天	每月	每半年	每年
14	电气系统与数控系统	查看运行功能是否有障碍，监视电网电压工作情况	察看所有部件及继电器、连锁装置的可靠性	检查一个试验程序的完整运转情况	检查存储起器电池和数控系统的大部分功能
15	主轴箱	检查主轴运转情况，注意声音、温度有无异常	检查主轴上卡盘、夹具、刀柄的夹紧情况注意主轴的分度功能	检查齿轮、轴承的润滑情况，测量轴承温升是否正常	清洗零、部件，更换润滑油，检查主轴转动带，必要时及时更换。检查主轴精度进行校准

三、数控系统的日常维护

(一）尽量少开电气控制柜门

加工车间飘浮的灰尘、油雾和金属粉末落在电控柜内，容易造成元器件间绝缘失效，从而出现故障。因此，除了定期维护和维修外，平时应尽量少开电气控制柜门。

(二）机床电控柜的散热通风

通常安装于电控柜门上的热交换器或轴流风扇，能对电控柜的内外进行空气循环，促使电控柜内的发热装置或元器件（如驱动装置等）进行散热。应定期检查电控柜上的热交换器或轴流风扇的工作状况，风道是否堵塞，否则会导致电控柜内温度过高而使系统不能可靠运行，甚至引起过热报警。

（三）支持电池的定期更换

数控系统存储参数用的存储器采用 CMOS 器件，其存储的内容在数控系统断电期间依靠支持电池供电保持。在一般情况下，即使电池电量尚未消耗完，也应每年更换一次，以确保系统能正常工作。电池的更换应在 CNC 系统通电状态下进行。

（四）备用印制电路板的定期通电

对于已经购置的备用印制电路板，应定期装到 CNC 系统上通电运行。实践证明，印制电路板长期不用易出故障。

（五）注意对数控系统中硬件控制部分进行检查调整

数控系统中硬件控制部分包括数控单元模块、电源模块、伺服放大器、主轴放大器、人机通信单元、操作面板、显示器等部分。

每年应让有经验的维修电工检查一次，检测有关的参考电压是否在规定范围内，如电源模块的各路输出电压、数控单元参考电压等，若不正常应按要求调整；检查系统内各电气元件连接是否松动；检查各功能模块使用风扇运转是否正确并清除灰尘；检查伺服放大器和主轴放大器使用的外接式再生放电单元的连接是否可靠，清除灰尘；检测各功能模块使用的存储器后备电池的电压是否正常，一般应根据厂家的要求定期更换。

对于长期停用的机床，应每月开机运行 4 小时，这样可以延长数控机床的使用寿命。

（六）注意对可编程控制器（PLC）进行检查

有的数控系统（NC）采用 NC 与 PLC 合二为一的单元。即 PLC 集成在 NC 系统中。现在机床生产厂多采用 NC 与 PLC 分离或半分离的结合方式，PLC 单独装配，与 NC 通过网络连接来交流信息；或 PLC 的 CPU 单元与 NC 系统集成在一起，通过网络或总线与 PLC 的通信模块相连，PLC 的输入输出模块或其他功能模块通过总线与通信模块相连。

对 PLC 与 NC 完全集成在一起的系统，不必单独对 PLC 进行检查调整；对其他两种组态方式，应对 PLC 进行检查。主要检查 PLC 电源模块的输出电压是否正常；输入输出模块的接线是否松动；输出模块内各路熔断器是否完好；后备电池的电压是否正常，必要时进行更换。对 PLC 输入输出点的检查可利用 PLC 上的动态跟踪，也可用运行功能试验程序的方法检查。

（七）电气部分的维护保养

电气部分包括动力电源输入线路、继电器、接触器、控制电路等几部分。具体检查可按以下步骤进行：

（1）检查三相电源的电压值是否正常，有无偏相，如果输入的电压超出允许范围则应进行调整。

（2）检查所有电气连接是否良好。

（3）检查各类开关是否有效。可借助于数控系统 CRT 的诊断显示及可编程控制器、输入输出模块上的指示灯检查确认，若不良应更换。

（4）检查各继电器、接触器是否工作正常，触点是否完好，可利用数控编程语言编辑一个功能试验程序，通过运行该程序确认各控制器件是否完好有效。

（5）检验热继电器、电弧抑制器等保护器件是否有效，等等。

以上电气保养应由车间电工实施，每年检查调整一次。电控柜及操作面板显示器的箱门应密封，不能用打开柜门使用外部风扇冷却的方式降温。操作者应每月清扫一次电控柜防尘滤网。每天检查一次电控柜冷却风扇或空调运行是否正常。

（八）数控系统长期不用时的保养

数控系统处于长期闲置时，要经常给系统通电，在机床锁住不动的情况下，让系统空运行。系统通电情况下，可利用电气元件本身的发热来驱散电控柜内的潮气，保证电气元件性能的稳定可靠。实践证明，在空气湿度较大的地区，经常通电是降低故障发生率的一个有效措施。

四、机械部件的维护保养

数控机床的机械结构较传统机床结构简单，但机械部件精度提高了，对维护提出了更高要求。维护内容有：

（一）主传动链的维护保养

主传动链的维护主要包括以下几方面：

(1) 注意数控机床主传动的结构、性能参数，严禁超性能使用。

(2) 主传动链出现不正常现象，应立即停机及时排除故障。

(3) 操作者应注意观察主轴箱的温度，每天检查主轴润滑恒温油箱，调控温度范围，并保持油量的充足。

(4) 使用带传动的主轴系统，需定期观察调整主轴驱动带的松紧程度，防止因带打滑而造成丢转现象。

(5) 对于液压系统平衡主轴箱重量的平衡系统，需定期观察液压系统的压力表，当油压低于要求数值，要及时进行补油。

(6) 用液压拔叉变速的主传动系统，必须在主轴停车后才能进行变速。

(7) 用啮合式电磁离合器变速的主传动系统，离合器必须在低于 1～2r/min 的转速下变速。

(8) 要注意保持主轴与刀柄连接部位以及刀柄的清洁，并应防止对主轴的机械碰撞。

(9) 防止各种杂质进入润滑油箱，保持油液清洁。

(10) 经常检查轴端及各处密封，防止润滑油的泄漏。

(11) 刀具夹紧装置长时间使用后，会使活塞杆和拉杆间的间隙加大，造成拉杆偏移量减少，使碟形弹簧张闭伸缩量不够，影响刀具的夹紧，故需及使调整液压缸活塞的位移量。每年应对主轴润滑油恒温油箱中的润滑油进行一次更换，并清洗过滤器；每年清洗润滑油池底一次，并更换液压泵滤油器。

(12) 经常检查压缩空气气压，并调整到标准要求值。保持足够的空气气压才能使主轴锥孔中的切屑和灰尘清理彻底并保证换刀过程的正常进行。

（二）滚珠丝杠螺母副的维护保养

滚珠丝杠螺母副的维护一般指轴向间隙的调整、轴承的定期检查、滚珠丝杠螺母副的润滑、滚珠丝杠螺母副的防护。

轴向间隙的调整。滚珠丝杠螺母副的轴向间隙，除了结构本身的游隙之外，在施加轴向载荷后，还包括了弹性变形所造成的窜动。为了保证反向传动精度和轴向刚度，必须消除滚珠丝杠螺母副的轴向间隙。滚珠丝杠螺母副常用的消除轴向间隙的方法有：双螺母加预紧力、单螺母变导程自预紧和单螺母过盈滚珠预紧等。其中常用的双螺母丝杠消除间隙的方法有垫片调间隙法、螺纹调间隙法和齿差调间隙法三种。双螺母滚珠丝杠副消除间隙的原理是：利用两个螺母的相对轴向位移使两个滚珠螺母中的滚珠分别贴紧在螺旋道的两个相反侧面上。用这种方法消除轴向间隙时，应注意预紧力不能过大，预紧力过大会使空载力矩增加，从而降低传动效率，缩短使用寿命。因此，一般需经过多次调整，以保证既能消除间隙又能灵活运转。调整时，除螺母预紧外，还应特别注意使丝杠安装部分和驱动部分的间隙尽可能小，并且具有足够刚性。

（三）刀库及换刀机械手的维护保养

刀库与换刀机械手是数控机床的重要组成部分，应注意加强维护。

(1) 严禁将超重、超长、非标准的刀具装入刀库，防止在机械手换刀时掉刀或刀具与工件、夹具等发生碰撞。

(2) 采取顺序选刀方式的机床，必须注意刀具放置在刀库上的顺序是否正确。其他的选刀方式也要注意所换刀具号是否与所需刀具一致，防止换错刀具导致事故发生。

(3) 用手动方式往刀库上装刀时，要确保放置到位、牢固，同时还要检查刀座上锁紧装置是否可靠。

(4) 刀库容量较大时，重而长的刀具在刀库上应均匀分布，避免集中于一段。否则易造成刀库的链带拉得太紧，变形较大，并且可能有阻滞现象，使换刀不到位。

(5) 刀库的链带不能调得太松。否则会有“飞刀”的危险。

(6) 经常检查刀库的回零位置是否正确，机床主轴回换刀点的位置是否到位。发现问题应及时调整。

(7) 要注意保持刀具刀柄和刀套的清洁，严防异物进入。

(8) 开机时，应先使刀库和换刀机械手空运行，检查各部分工作是否正常，特别是各行程开关和电磁阀能否正常动作。检查机械手液压系统的压力是否正常，刀具在机械手上锁紧是否可靠，发现异常时应及时处理。

(四) 液压系统的维护保养

1. 驱动对象

数控机床上的液压系统的主要驱动对象有液压卡盘、静压导轨、液压拨叉变速液压缸、主轴箱的液压平衡、液压驱动机械手和主轴上的松刀液压缸等。液压系统的维护及其工作正常与否对数控机床的正常工作十分重要。

2. 维护要点

液压系统的维护有如下要点：

①控制油液污染，保持油液清洁，是确保液压系统正常工作的重要措施。据统计，液压系统的故障有80%是由于油液污染引发的。油液污染还会加速液压元件的磨损。

②控制液压系统中油液的温升是减少能源消耗。提高系统效率的一个重要环节。一台机床的液压系统。若油温变化范围大。其后果是：

a. 影响液压泵的吸油能力及容积效率。

b. 导致系统工作不正常，压力、速度不稳定，动作不可靠。

c. 液压元件内外泄漏增加。

d. 加速油液的氧化变质。

③控制液压系统的泄漏极为重要，因为泄漏和吸空是液压系统常见的故障。要控制泄漏，首先是提高液压元件的加工精度和元件的装配质量以及管道系统的安装质量；其次是提高密封件的质量，注意密封件的安装使用与定期更换；最后是加强日常维护。

④防止液压系统振动与噪声。振动影响液压件的性能，使螺钉松动、管接头松脱，从而引起漏油。因此，要防止和排除振动现象。

⑤严格执行日常点检制度。液压系统故障存在着隐蔽性、可变性和难于判断性，因此，应对液压系统的工作状态进行点检，把可能产生的故障现象记录在日检维修卡上，并将故障苗头消除在萌芽状态，减少故障的发生。

⑥严格执行定期紧固、清洗、过滤和更换制度。液压设备在工作过程中，由于冲击振动、磨损和污染等原因，使管件松动，金属件和密封件磨损，因此必须对液压件及油箱等实行定期清洗和维修，对油液、密封件执行定期更换制。

3. 液压系统的点检（定点、定时的检查和维护）

①各液压阀、液压缸及管子接头处是否有外漏。

②液压泵或液压马达运转时是否有异常噪声等现象。

③液压缸移动时工作是否正常平稳。

④液压系统的各测压点压力是否在规定的范围内，压力是否稳定。

⑤油液的温度是否在允许的范围内。

⑥液压系统工作时有无高频振动。

⑦电气控制或撞块（凸轮）控制的换向阀工作是否灵敏可靠。

⑧油箱内油量是否在油标刻线范围内。

⑨行程开关或限位挡块的位置是否有变动。

⑩液压系统手动或自动工作循环时是否有异常现象。

4. 定期对油箱内的油液进行取样化验，检查油液质量，定期过滤或更换油液。

5. 定期检查蓄能器工作性能。

6. 定期检查冷却器和加热器的工作性能。

7. 定期检查和紧固重要部位的螺钉、螺母、接头和法兰盘螺钉。

8. 定期检查更换密封件。

9. 定期检查清洗或更换液压件。

10. 定期检查清洗或更换滤芯。

11. 定期检查清洗油箱和管道。

(五) 气动系统的维护保养

1. 驱动对象

数控机床上的气动系统用于主轴锥孔吹气和开关防护门。有些加工中心依靠气液转换装置实现机械手的动作和主轴松刀。图6-1为加工中心的气动控制原理图，图6-2为压缩空气调理装置。

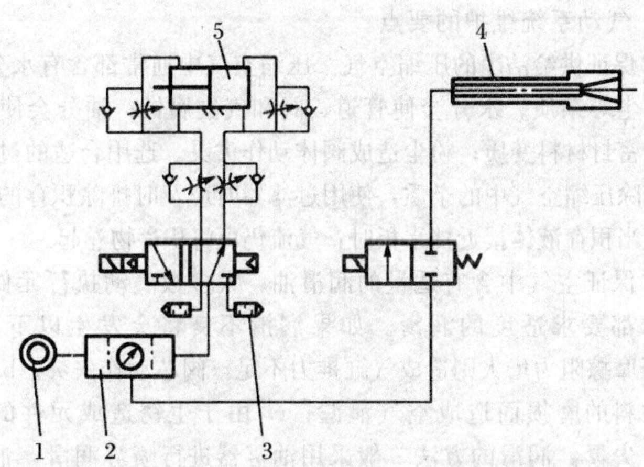

1—气源　2—压缩空气调理装置　3—消音器　4—主轴
5—防护门气缸

图6-1　加工中心气动原理图

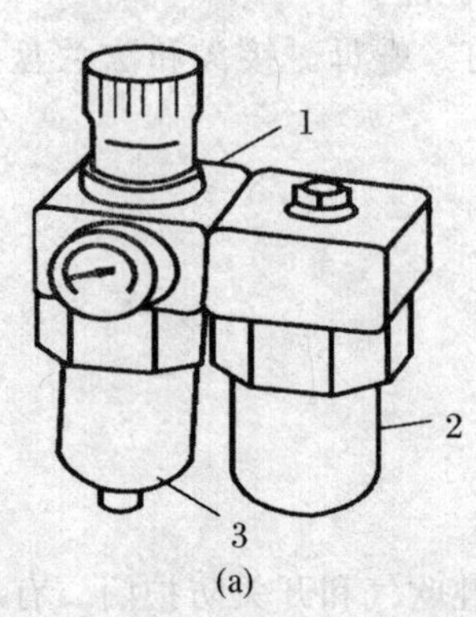

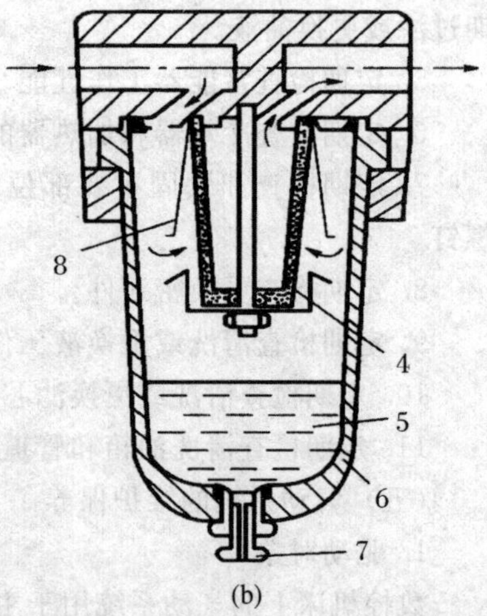

1—调压器　2—油雾器　3—空气过滤器　4—过滤器芯　5—冷凝物
6—滤杯　7—排放螺栓　8—挡板

图 6-2　压缩空气调理装置

2. 气动系统维护的要点

①保证供给洁净的压缩空气　压缩空气中通常都含有水分、油分和粉尘等杂质。水分会使管道、阀和气缸腐蚀；油分会使橡胶、塑料和密封材料变质；粉尘造成阀体动作失灵。选用合适的过滤器，可以清除压缩空气中的杂质，使用过滤器时应及时排除积存的液体，否则，当积存液体接近挡水板时，气流仍可将积存物卷起。

②保证空气中含有适量的润滑油　大多数气动执行元件和控制元件都要求适度的润滑。如果润滑不良将会发生以下故障：a. 由于摩擦阻力增大则造成气缸推力不足，阀芯动作失灵；b. 由于密封材料的磨损而造成空气泄漏；c. 由于生锈造成元件的损伤及动作失灵。润滑的方法一般采用油雾器进行喷雾润滑，油雾器一般安装在过滤器和减压阀之后。油雾器的供油量一般不宜过多，通常每 $10m^3$ 的自由空气供 1mL 的油量（即 40～50 滴油）。检查润滑是否良好的一个方法是：找一张清洁的白纸放在换向阀

的排气口附近，如果阀在工作三到四个循环后，白纸上只有很轻的斑点时，表明润滑是良好的。

③保持气动系统的密封性　漏气不仅增加了能量的消耗，也会导致供气压力的下降，甚至造成气动元件工作失常。严重的漏气在气动系统停止运行时，由漏气引起的响声很容易发现；轻微的漏气则应利用仪表，或用涂抹肥皂水的办法进行检查。

④保证气动元件中运动零件的灵敏性　从空气压缩机排出的压缩空气，包含有粒度为0.01～0.8μm 的压缩机油微粒，在排气温度为120℃～220℃的高温下，这些油粒会迅速氧化，氧化后油粒颜色变深，黏性增大，并逐步由液态固化成油泥。这种微米级以下的颗粒，一般过滤器无法滤除。当它们进入到换向阀后便附着在阀芯上，使阀的灵敏度逐步降低，甚至出现动作失灵。为了清除油泥，保证灵敏度，可在气动系统的过滤器之后，安装油雾分离器，将油泥分离出来。此外，定期清洗阀也可以保证阀的灵敏度。

⑤保证气动装置具有合适的工作压力和运动速度　调节工作压力时，压力表应当工作可靠，读数准确。减压阀与节流阀调节好后，必须紧固调压阀盖或锁紧螺母，防止松动。

（六）导轨副的维护保养

1. 间隙调整

导轨副维护很重要的一项工作是保证导轨面之间具有合理的间隙。间隙过小，则摩擦阻力大，导轨磨损加剧，间隙过大，则运动失去准确性和平稳性，失去导向精度。间隙调整的方法有：

2. 压板调整间隙

图 6－3 所示为矩形导轨上常用的几种压板装置。

压板用螺钉固定在动导轨上，常用钳工配合刮研及选用调整垫片、平镶条等机构，使导轨面与支承面之间的间隙均匀，达到规定的接触点数。对图 6－3 所示的压板结构，如间隙过大，应修磨或刮研 B 面；间隙过小或压板与导轨压得太紧，则可刮研或修磨 A 面。

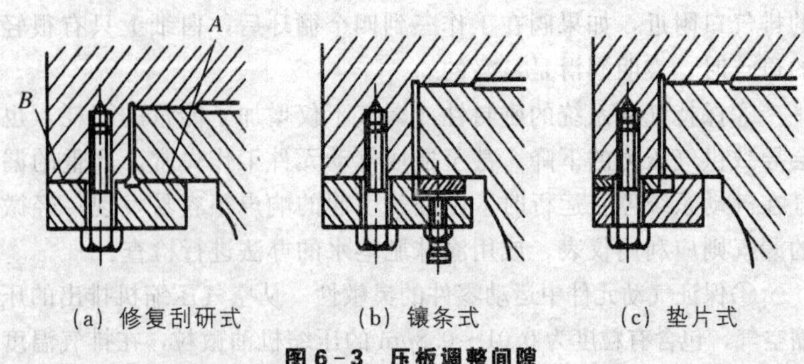

(a) 修复刮研式　　(b) 镶条式　　(c) 垫片式

图 6-3　压板调整间隙

3. 镶条调整间隙

图 6-4 是一种全长厚度相等、横截面为平行四边形（用于燕尾形导轨）或矩形的平镶条，通过侧面的螺钉调节和螺母锁紧，以其横向位移来调整间隙。由于收紧力不均匀，故在螺钉的着力点有挠曲。图 6-4 是一种全长厚度变化的斜镶条及三种用于斜镶条的调节螺钉，以其斜镶条的纵向位移来调整间隙。斜镶条在全长上支承，其斜度为 1∶40 或 1∶100，由于楔形的增压作用会产生过大的横向压力，因此调整时应细心。

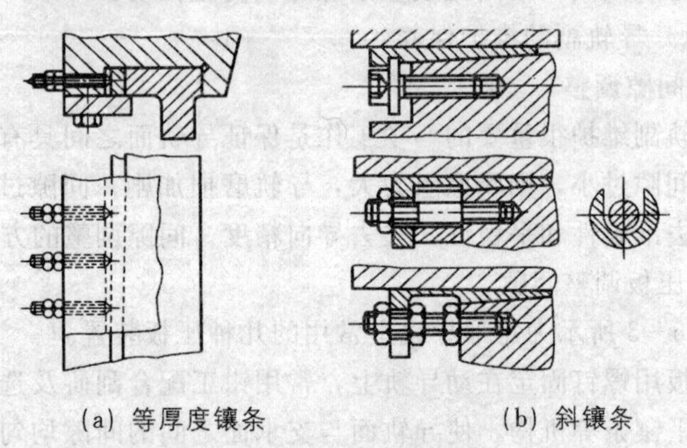

(a) 等厚度镶条　　(b) 斜镶条

图 6-4　镶条调整间隙

4. 压板镶条调整间隙

如图 6-5 所示，T 形压板用螺钉固定在运动部件上，运动部件内侧和 T 形压板之间放置斜镶条，镶条不是在纵向有斜度，而是在高度方面做成倾斜。调整时，借助压板上几个推拉螺钉，使镶条上下移动，从而调整间隙。

三角形导轨的上滑动面能自动补偿，下滑动面的间隙调整和矩形导轨的下压板调整底面间隙的方法相同。圆形导轨的间隙不能调整。

图 6-5　压板镶条调整间隙

5. 滚动导轨的预紧

为了提高滚动导轨的刚度，对滚动导轨应预紧（见图 6-6）。预紧可提高接触刚度和消除间隙；在立式滚动导轨上，预紧可防止滚动体脱落和歪斜。常见的预紧方法有两种：

①采用过盈配合　预加载荷大于外载荷，预紧力产生过盈量为 2～3μm，过大会使牵引力增加。若运动部件较重，可预加载荷，若刚度满足要求，可不施预加载荷。

②调整法　利用螺钉、斜块或偏心轮调整来进行预紧。

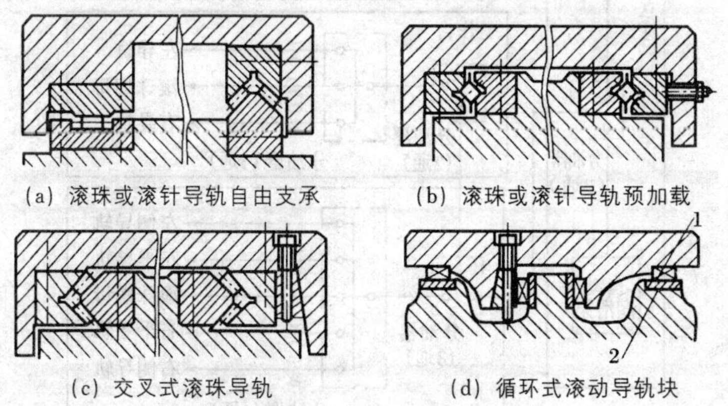

(a) 滚珠或滚针导轨自由支承　(b) 滚珠或滚针导轨预加载

(c) 交叉式滚珠导轨　(d) 循环式滚动导轨块

1—循环式直线滚动块　2—淬火钢导轨

图 6-6　滚动导轨的预紧

6. 导轨副的润滑

导轨面上进行润滑后，可降低摩擦系数，减少磨损，并且可防止导轨面锈蚀。导轨常用的润滑剂有润滑油和润滑脂，前者用于滑动导轨，而滚动导轨则两者都可采用。

①润滑方法　导轨最简单的润滑方式是人工定期加油或用油杯供油。这种方法简单、成本低，但不可靠，一般用于调节辅助导轨及运动速度低、工作不频繁的滚动导轨。

对运动速度较高的导轨大都采用润滑泵，以压力油强制润滑。这样不但可连续或间歇供油给导轨进行润滑，而且可利用油的流动冲洗和冷却导轨表面。为实现强制润滑必须备有专门的供油系统。图 6－7 为某加工中心导轨的润滑系统。

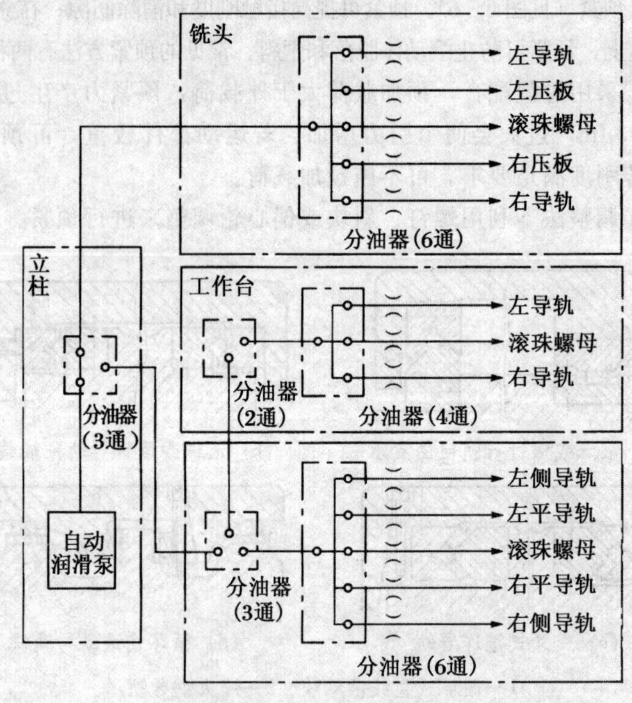

图 6－7　导轨润滑系统

②对润滑油的要求　在工作温度变化时，润滑油黏度变化要小，要有良好的润滑性能和足够的油膜刚度，油中杂质尽量少且不浸蚀机件。常用的全损耗系统用油有 L-AN10、L-AN15、L-AN32、L-AN42、L-AN68，精密机床导轨油 L-HG68，汽轮机油 L-TSA32、L-TSA46 等。

a. 导轨副表面进行润滑后，可降低其摩擦因数，减小磨损，并且可防止导轨面锈蚀。导轨副常用的润滑剂有润滑油和润滑脂，前者用于滑动导轨，而滚动导轨则两种都可用。

b. 导轨副最简单的润滑方法是人工定期加油或用油杯供油。这种方法简单、成本低，但不可靠，一般用于辅助导轨及运动速度低、工作不频繁的滚动导轨。

c. 在数控机床上，对运动速度较高的导轨主要采用压力润滑，一般常用压力循环润滑和定时定量润滑两种方式。大都采用润滑泵，以压力油强制润滑。这样不但可连续或间歇供油给导轨进行润滑，而且可利用油的流动来冲洗和冷却导轨表面。为实现强制润滑，必须备有专门的供油系统。

d. 常用的全损耗系统用油型号有 L-AN10、L-AN15、L-AN32、L-AN42、L-AN68 号精密机床导轨油 L-HG68，汽轮机油 L-TSA32、L-TSA46 等。油液牌号不能随便选，因为润滑油黏度随温度的变化要小，以保证有良好的润滑性能和足够的油膜刚度，且油中杂质应尽可能少，以不侵蚀机件。

7. 导轨副的防护

为了防止切屑、磨粒或切削液散落、覆盖在导轨面上而引起磨损、擦伤和锈蚀，导轨面上应设置有可靠的防护装置。常用的有刮板式、卷帘式和叠层式防护罩，大多用于长导轨上。在机床使用过程中应防止损坏防护罩，对叠层式防护罩应经常用刷子蘸机油清理移动接缝，以避免碰壳现象的产生。

（七）伺服电机的维护

1. 直流伺服电机的维护

直流伺服电机带有数对电刷，电机旋转时，电刷与换向器摩擦而逐渐磨损。电刷异常或过度磨损，会影响电机工作性能，所以对直流伺服电机进行定期检查和维护是相当必要的。

图 6－8 为直流伺服电机电刷安装部位示意图。

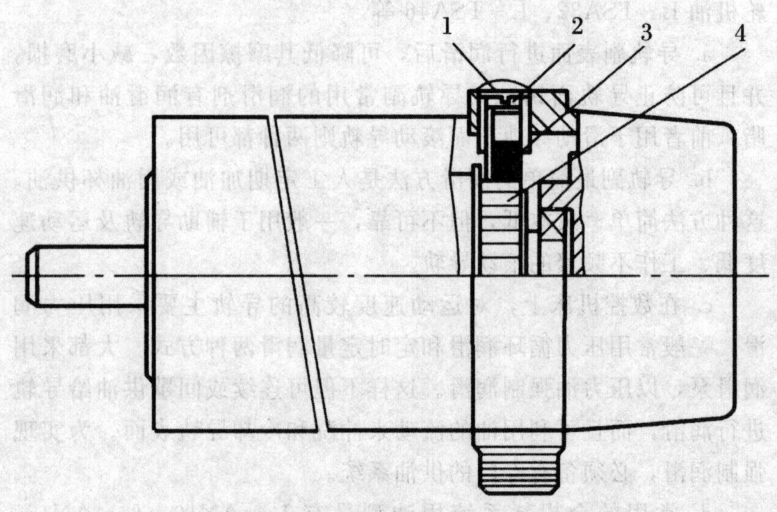

1—橡胶刷帽　2—刷盖　3—电刷　4—换向器

图 6－8　直流伺服电机电刷安装部位

数控车床、铣床和加工中心中的直流伺服电机应每年检查一次，频繁加、减速的机床（如冲床等）中的直流伺服电机应每两个月检查一次，检查步骤如下：

①在数控系统处于断电状态且电机已经完全冷却的情况下进行检查。

②取下橡胶刷帽，用螺钉旋具拧下刷盖取出电刷。

③测量电刷长度，如 FANUC 直流伺服电机的电刷由 10mm 磨损到小于 5mm 时，必须更换同型号的新电刷。

④仔细检查电刷的弧形接触面是否有深沟或裂痕，以及电刷弹簧上有无打火痕迹。如有上述现象，则要考虑电机的工作条件

是否过分恶劣或电机本身是否有问题。

⑤用不含金属粉末及水分的压缩空气导人装电刷的刷孔，吹净粘在刷孔壁上的电刷粉末。如果难以吹净，则可用螺钉旋具尖轻轻清理，直至孔壁全部干净为止，但要注意不要碰到换向器表面。

⑥重新装上电刷，拧紧刷盖。如果更换了新电刷，应使电机空运行跑合一段时间，以使电刷表面和换向器表面相吻合。

2. 交流伺服电机的维护

交流伺服电机与直流伺服电机相比，最大的优点是不存在电刷维护的问题。应用于进给驱动的交流伺服电机多采用交流永磁同步电机，其特点是磁极是转子，定子的电枢绕组与三相交流电机电枢绕组一样，但它由三相逆变器供电，通过电机转子位置检测器产生的信号去控制定子绕组的开关器件，使其有序轮流导通，实现换流作用，从而使转子连续不断地旋转。转子位置检测器与电机转子同轴安装，用于转子的位置检测，检测装置一般为霍尔开关或具有相位检测的光电脉冲编码器。

（八）主轴伺服系统的日常维护保养

1. 日常检查要点

①伺服系统启动前的检查按下述步骤进行：检查伺服单元和电动机的信号线、动力线等的连接是否正确、是否松动以及绝缘是否良好；强电柜和电动机是否可靠接地；电动机电刷的安装是否牢靠，电动机安装螺栓是否完全拧紧。

②使用时的检查注意事项：运行时电控柜门应关闭；检查速度指令值与电动机转速是否一致，负载转矩指示（或电动机电流指示）是否太大；电动机是否发出异常声音和异常振动；轴承温度是否有急剧上升的不正常现象；对直流伺服电动机则要检查在电刷上是否有明显的火花发生痕迹。

2. 日常维护要点

①主轴电动机每天应检查其旋转速度、通风状态、轴承温度、机壳温度，有无异常振动、异常声音和异常臭味。

②主轴电动机需每半年（至少也要每年一次）检查测速发电

机、轴承，进行热管冷却部分的清理和绝缘电阻的测量。

③对电控柜的空气过滤器每月清扫一次。

④电控柜及伺服单元的冷却风扇应每两年检查一次。

3. CNC系统至主轴驱动装置除了转速模拟量控制信号外，还有使能控制信号，一般为DC+24V继电器线圈电压。

①检查CNC系统是否有速度控制信号输出。

②检查使能信号是否接通。通过CRT显示观察I/O状态，分析机床PLC梯形图（或流程图），以确定主轴的启动条件，如润滑、冷却等是否满足。

③检查主轴驱动装置是否有故障。

④检查主轴电动机是否有故障。

4. 电气部分包括动力电源输入线路、继电器、接触器、控制电路等几部分。具体检查可按以下步骤进行：

①检查三相电源的电压值是否正常，有无偏相，如果输入的电压超出允许范围则应进行调整。

②检查所有电气连接是否良好。

③检查各类开关是否有效。可借助于数控系统CRT的诊断显示及可编程控制器、输入输出模块上的指示灯检查确认，若不良应更换。

④检查各继电器、接触器是否工作正常，触点是否完好，可利用数控编程语言编辑一个功能试验程序，通过运行该程序确认各控制器件是否完好有效。

⑤检验热继电器、电弧抑制器等保护器件是否有效，等等。

以上电气保养应由车间电工实施，每年检查调整一次。

电控柜及操作面板显示器的箱门应密封，不能用打开柜门使用外部风扇冷却的方式降温。操作者应每月清扫一次电控柜防尘滤网。每天检查一次电控柜冷却风扇或空调运行是否正常。

总之，正确地使用可避免突发故障，延长设备无故障时间；精心维护可使其处于良好的技术状态。因此，使用数控机床不仅要严格执行操作规程，而且必须重视数控机床的维护保养工作，提高使用人员的素质。

第二节 数控机床的故障诊断与排除

一、数控机床故障诊断及排除的概述

数控机床的故障诊断及维护在内容、手段和方法上与传统机床的故障诊断及维护有很大的区别。学习和掌握数控机床故障诊断及维护的技术，已越来越引起工程技术人员的关注。数控机床故障诊断及维护已成为正确使用数控机床的关键因素之一。

（一）数控机床故障诊断及目的

数控机床是机电一体化在机械加工领域中的典型产品，它是将电子电力、自动化控制、电机、检测、计算机、机床、液压、气动和加工工艺等技术集中于一体的自动化设备，具有高精度、高效率和高适应性的特点。要发挥数控机床的高效益，就要保证它的开动率，这就对数控机床提出了稳定性和可靠性的要求，衡量该要求的指标是平均无故障时间（MTBF），即为两次故障间隔的时间；同时，当设备出了故障后，要求排除故障的修理时间（MTTR）越短越好，所以衡量上述要求的另一个指标是平均有效度A：

$$A=\frac{\mathrm{MTBF}}{\mathrm{MTBF}+\mathrm{MTTR}}$$

为了提高MTBF，降低MTTR，一方面要加强日常维护，延长无故障的时间；另一方面当出现故障后，要尽快诊断出故障的原因并加以修复。如果用人来比喻的话，就是平时要注意保养，避免生病；生病后，要及时就医，诊断出病因，对症下药，尽快康复。现代化的设备需要现代化和科学化的管理，数控机床的综合性和复杂性决定了数控机床的故障诊断及维护有自身的方法和特点，掌握好这些方法，可以保证数控机床稳定可靠地运行。特别是对柔性制造系统（FMS），任何一台数控机床出故障都会影响到整条生产线的运行，其经济损失是相当大的，因此快

速诊断出故障原因和加强日常维护就显得很重要了。

（二）数控机床故障诊断内容

数控机床由机床本体（包括液压、气动和润滑装置等）和电气控制系统两大部分组成。就机床本体而言，由于机械部件处于运动摩擦过程中，因此，对它的维护就显得特别重要，如主轴箱的冷却和润滑，导轨副和丝杠螺母副的间隙调整、润滑及支承的预紧，液压和气动装置的压力和流量调整等。

电气控制系统由数控系统、伺服系统、机床电器柜（也称强电柜）及操作面板等组成。图 6-9 所示为某数控机床的配置。

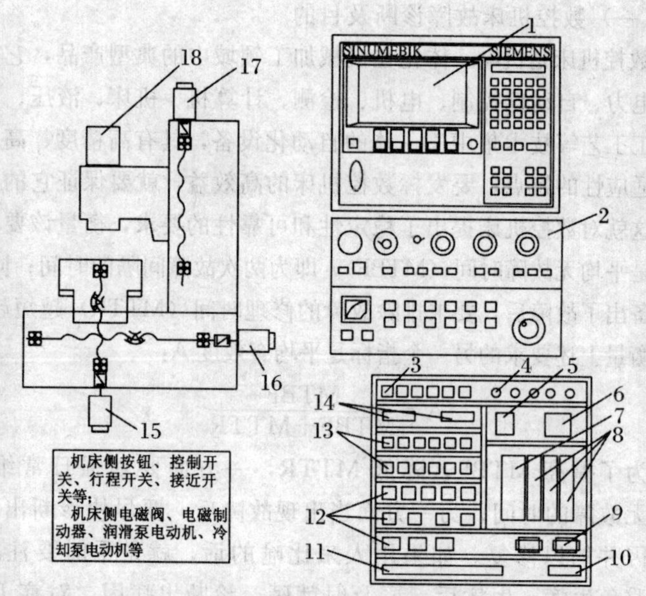

1—数控系统及面板　2—机床操作面板　3—断路器 QF　4—熔断器 FU　5—电源开关　6—稳压电源　7—主轴驱动装置　8—X、Y、Z 轴进给驱动装置　9—变压器　10—接地板　11—接线端子板 XT　12—接触器 KM　13—中间继电器 KA　14—I/O 输入输出端子板 XT　15—带编码器的 X 轴伺服电动机　16—带编码器的 y 轴伺服电动机　17—带编码器及电磁制动器的 Z 轴伺服电动机　18—主轴电动机

图 6-9　数控机床配置

二、数控机床故障诊断及排除

（一）滚珠丝杠螺母的维修

滚珠丝杠螺母副的常见故障及排除方法

滚珠丝杠螺母副的故障大部分是由于运动质量下降、反向间隙过大、机械爬行、润滑状况不良、轴承噪声大等原因造成的，滚珠丝杠螺母副的常见故障及排除方法见表6－2。

表6－2　　滚珠丝杠螺母副的常见故障及排除方法

序号	故障现象	故障原因	排除方法
1	加工件表面粗糙度值高	导轨润滑油不足，致使滑板爬行	加润滑油，排除润滑故障
		滚珠丝杠有局部拉毛或研损	更换或修理丝杠
		四缸轴承损坏，运动不平稳	更换损坏的轴承
		伺服电机未调整好，增益过大	调整伺服电动机控制系统
2	反向误差达，加工精度不稳定	丝杠联轴器锥套松动	重新紧固并用百分表反复测试
		丝杠轴滑板配合压板过紧或过松	重新调整或修研，用0.03mm塞尺塞不进为合格
		丝杠轴滑板配合楔铁过紧或过松	重新调整或修研，使接触率达70%以上，用0.03mm塞尺塞不进为合格
		滚珠丝杠螺母副端面与结合不垂直，结合过松	修磨，调整或加垫处理
		丝杠支撑座预紧过紧或过松	调整
		滚珠丝杠制造误差大或轴向窜动	用仪器测量并调整丝杠窜动，或用机床控制系统自动补偿功能消除间隙
		润滑油不足或没有	调节到各导轨面均有润滑油
		其他机械干涉	排除干扰部位

续表

序号	故障现象	故障原因	排除方法
3	滚珠丝杠在转动中转矩过大	两滑板配合压板过紧或研损	重新调整或修研压板，用0.4mm塞尺塞不进为合格
		丝杠研损	更换
		伺服电机与滚珠丝杠连接不同轴	调整同轴度并紧固连接座
		无润滑油	检查并调整润滑油路
		行程开关失灵造成机械故障	检查故障并排除
		伺服电机过热报警	检查故障并排除
4	丝杠螺母润滑不良	分油器不分油	检查定量分油器
		油管堵塞	清除污物使油管畅通
5	滚珠丝杠螺母副噪音	滚珠丝杠轴承盖压合不良	调整压盖
		滚珠丝杠润滑不良	检查油路
		滚珠破损	更换滚珠
		伺服电机与丝杠之间的联轴器松动	拧紧联轴器锁紧螺钉
6	滚珠丝杠转动不灵活	轴向预加载荷太大	调整轴向间隙和预加载荷
		丝杠与导轨不平行	调整平行
		螺母轴线与导轨不平行	调整螺母座的位置
		丝杠弯曲变形	校直丝杠

（二）刀库及换刀机械手的维

刀库及换刀机械手结构复杂，且在工作中又频繁运动，所以故障率较高。目前数控机床故障都与刀库及换刀机械手有关。数控车床的转塔刀架也会出现一些常见的故障，故将转塔刀架、刀库及换刀机械手的故障一起罗列出来。刀库、换刀机械手及转塔刀架的常见故障及排除方法见表6-3。

表 6-3　刀库、换刀机械手及转塔刀架的常见故障及排除方法

序号	故障现象	故障原因	排除方法
1	刀库不能旋转	连接电动机轴与蜗杆轴的联轴器松动	紧固联轴器上的螺钉
		刀具超重	刀具质量不得超过规定值
2	刀套不能夹紧刀具	刀套上的调整螺钉松动或弹簧太松。造成卡紧力不足	顺时针旋转刀套两端的调节螺母，压紧弹簧，顶紧卡紧销
		刀具超重	刀具质量不得超过规定值
3	刀套上不到位	装置调整不当或加工误差过大而造成拨叉位置不正确	调整好装置，提高加工精度
		限位开关安装位置不正确造成反馈信号错误	重新调整安装限位开关
4	刀具不能夹紧	气泵气压不足	使气泵气压在额定范围内
		增压漏气	关紧增压阀
		刀具卡紧液压缸漏油	更换密封装置、卡紧液压缸不漏油
		刀具松卡弹簧上的螺母松动	旋紧螺母
5	刀具夹紧后不能松开	锁刀的弹簧压力过大	调节锁刀弹簧上的螺钉，使其最大载荷不超过额定值
6	刀具从机械手脱落	机械手卡紧销损坏或没有弹出来	更换卡紧销或弹簧
		换刀时主轴箱没有回到换刀点或换刀点发生漂移	重新操作主轴箱运动，使其回到换刀点位置，并重新设定换刀点
		机械手抓刀时没有到位就开始拔刀	调整机械手手臂使手臂爪抓紧刀柄后再拔刀
		刀具超重	刀具质量不得超过规定值

续表 1

序号	故障现象	故障原因	排除方法
7	机械手换刀速度过快或过慢	气压太高或节流阀开口过大	保证气泵的压力和流量。旋转节流阀使得换刀速度合适
8	换刀时换不到刀	刀位编码用组合行程开关、接近开关等 1 元件损坏、接触不好或灵敏度降低	更换损坏元件
9	转塔刀架没有抬起动作	控制系统没有 T 指令输出信号	请电器维修人员排除
		抬起电磁铁断线或抬起阀杆卡死	修理或清除污物，更换电磁阀
		压力不够	检查油箱并重新调整压力
		抬起液压缸研损或密封圈损坏	修复研损部分或更换密封圈
		与转塔台连接的机械部分研损	修复研损部分或更换零件
10	转塔转位速度缓慢或不转位	没有转位信号发出	检查转位继电器是否吸合
		转位电磁阀断线或阀杆卡死	修理或更换
		滞液压力不够	将滞液压力调整到额定压力
		转位速度节流阀卡死	清洗节流阀或更换
		液压泵研损卡死	检修或更换液压泵
		凸轮轴压盖过紧	调整调节螺钉
		抬起液压缸体与转塔平面产生摩擦、研损	松开连接盘进行转位试验；取下连接盘配磨平面轴承下的调整垫，并使相对间隙 4mm 左右
		安装附具不配套	重新安装高速附具，减小转位冲击

续表 2

序号	故障现象	故障原因	排除方法
11	转塔转位时碰牙	抬起速度不合适或抬起延时时间短	调整抬起延时参数，增加延时时间
12	转塔转位时不停	转位盘上的撞块与选位开关松动，使转塔到位时传输信号超期或滞后	拆下护罩·使转塔处于正位状态，重新调整撞块与选位开关的位置并紧固
		上、下连接盘与中心轴花键间隙过大，产生位移偏差大，落下时易碰牙，引起不到位	重新调整连接盘与中心轴的正位状态·重新调整高速撞块与选位开关的位置并紧固
		转位凸轮与转位盘间隙大	塞尺测试滚轮与凸轮，将凸轮调到中间位置，转塔左右窜动量保持在二齿中间。确保落下时顺利咬合；转塔抬起时用手摆动，窜动量不超过二齿的 1/3
		凸轮在轴上窜动	调整并紧固固定转位凸轮圆螺母
		转位凸轮轴的轴间预紧力过大或有机械干涉，使转塔不到位	重新调整预紧力，排除干涉
		两计数开关不同时计数或复位开关损坏	调整两个撞块位置及两个计数开关的计数延时，修复复位开关
		转塔上的 24V 电源断线	接好电源线

续表 3

序号	故障现象	故障原因	排除方法
13	转塔刀架重复定位精度差	液压卡紧力不足	检查压力并调整到额定值
		上、下牙盘受冲击，定位松动	重新调整固定
		两牙盘间有污物或滚针脱落在牙盘中间	清除污物，保持清洁，检修更换滚针
		转塔落下夹紧时有机械干涉	检查、排除机械干涉
		转塔液压虹拉毛或研损	修理调整压板和楔铁，用0.04mm塞尺塞不进为合格
		夹紧液压缸拉毛或研损	检修拉毛、研损部分，更换密封圈

故障维修实例

例 6－1　刀库无法旋转的故障维修。

故障现象：自动换刀时。刀库运转不到位刀库就停止运转了，机床自动报警。故障分析：由故障报警可知，此故障是伺服电动机过载。检查电气控制系统，没有发现异常，问题是：刀库或减速器内有异物卡住；刀库上的刀具太重；润滑不良。经检查上述三项均正常。则问题可能出现在其他方面。卸下伺服电动机，发现伺服电动机内部有许多切削液，致使线圈短路。其原因是电动机与减速器连接处的密封圈磨损，从而导致切削液渗入电动机。故障处理：更换密封圈和伺服电动机后，故障排除。

（三）液压系统故障及维修

1. 液压系统常见故障的特征。一般液压系统常见故障有：

①接头连接处泄漏。

②运动速度不稳定。

③阀芯卡死或运动不灵活，造成执行机构动作失灵。

④阻尼小孔被堵，造成系统压力不稳定或压力调不上去。

⑤阀类元件漏装弹簧或密封件，或管道接错而使动作混乱。

⑥设计、选择不当，使系统发热，或动作不协调，位置精度达不到要求。

⑦液压件加工质量差，或安装质量差，造成阀类部件动作不灵活。

⑧长期工作，密封件老化，以及易损元件磨损等，造成系统内外泄漏量增加。系统效率明显下降。

2. 液压元件的常见故障诊断。表 6－4 介绍了液压泵（以齿轮泵为例）、液压阀、液压缸的常见故障及排除方法。

表 6－4　　液压元件的常见故障及排除方法

故障部位	故障现象	故障原因	排除方法
液压泵	噪声严重及压力波动	泵的过滤器被污物阻塞不能起滤油作用	用干净的清洗油去除过滤器上的污物
		油位不足，吸油位置太高，吸油管露出油面	加油到油标位，降低吸油位置
		泵体与泵益的两侧没有加纸垫，泵体与泵盖不垂直密封，旋转时吸入空气	泵体与泵盖间加入纸垫；泵体用金刚砂在平板上研磨，使泵体与泵盖的垂直度误差不超过 0.05mm；紧固泵体与泵盖的联结。不得有泄漏现象
		泵的主动轴与电动机联轴器不同心，有扭曲摩擦	调整泵与电动机联轴器的同心度，使其误差不超过 0.02mm
		泵齿轮的啮合精度不够	对研齿轮达到齿轮啮合精度
		泵轴的油封骨架脱落，泵体不密封	更换合格泵轴油封

续表 1

故障部位	故障现象	故障原因	排除方法
液压泵	输油不足液压泵运转不正常或有咬死现象	轴向间隙与径向间隙过大	必须更换零件
		泵体裂纹与气孔泄漏现象	泵体出现裂纹时需要更换泵体；泵体与泵盖间加入纸垫，紧固各连接处螺钉
		油液黏度太高或油温太高	用 20 号机油，选用合适的温度。一般 20 号全损耗系统用油适用温度为 10℃～50℃，如果三班工作，应装冷却装置
		电动机反转	纠正电动机旋转方向
		过滤器有污物，管道不通畅	清除污物，修理或更换零件
		压力阀失灵	修理或更换压力阀修理或更换
	输油不足液压泵运转不正常或有咬死现象	泵轴向间隙及径向间隙过小	更换零件，调整轴向或径向间隙
		滚针轴承运动不灵活	换轴更换滚针轴承
		盖板和轴的同心度不好	更换盖板，使其与轴同心
		压力阀的弹簧失灵，阀体小孔被污物堵塞，滑阀和阀体失灵	更换弹簧，清除阀体小孔污物或换滑阀
		泵和电动机间联轴器同心度不够	调整泵轴与电动机联轴器同心度，使其误差不超过 0.02mm
		泵中有杂质，可能是装配时铁屑的遗留或油液中吸入杂质	用细铜丝网过滤液压系统用油，去除污物

续表 2

<table>
<tr><th>故障部位</th><th>故障现象</th><th>故障原因</th><th>排除方法</th></tr>
<tr><td rowspan="11">整体多路阀</td><td rowspan="4">工作压力不足</td><td>溢流阀调定压力偏低</td><td>调整溢流阀调定压力</td></tr>
<tr><td>溢流阀的滑阀卡死</td><td>拆开清洗，重新组装</td></tr>
<tr><td>调压弹簧损坏</td><td>更换新品</td></tr>
<tr><td>系统管路压力损失太大</td><td>更换管路或在许用压力范围内调整溢流阀压力</td></tr>
<tr><td rowspan="2">工作流量不足</td><td>系统供油不足</td><td>检查油源</td></tr>
<tr><td>阀内泄漏量大</td><td>如油温过高，则降低油温；如油液选择不当则更换油液；如滑阀与阀体配合间隙过大，则更换新品</td></tr>
<tr><td>复位失灵</td><td>复位弹簧损坏与变形</td><td>更换新品</td></tr>
<tr><td rowspan="3">外泄漏</td><td>Y 形圈损坏</td><td>更换新品</td></tr>
<tr><td>油口安装法兰面密封不良</td><td>检查相应部位的紧固与密封</td></tr>
<tr><td>各结合面紧固螺钉、调压螺钉松动</td><td>紧固相应部件</td></tr>
<tr><td rowspan="7">电磁换向阀</td><td rowspan="3">滑阀动作不灵</td><td>滑阀被拉坏</td><td>拆开清洗，或修整滑阀与阀孔的毛刺及拉坏表面</td></tr>
<tr><td>阀体变形</td><td>调整安装螺钉的压紧力，安装转矩不得大于规定值</td></tr>
<tr><td>复位弹簧折断</td><td>更换弹簧</td></tr>
<tr><td rowspan="4">电磁线圈烧损</td><td>线圈绝缘不良</td><td>更换电磁铁</td></tr>
<tr><td>电压太低</td><td>使用电压应在额定电压的90%以上</td></tr>
<tr><td>工作压力和流量超过规定值</td><td>调整工作压力，或采用性能更高的阀</td></tr>
<tr><td>回油压力过高</td><td>检查背压，应在规定值16MPa 以下</td></tr>
</table>

（四）导轨副的维修

导轨副的常见故障及排除方法见表6-5。

表6-5　　导轨副的常见故障及排除方法

故障部位	故障现象	故障原因	排除方法
1	导轨研伤	机床经长期使用，地基与床身水平度有变化。使导轨局部单位面积负荷过大	定期进行床身导轨的水平度调整，或修复导轨精度
		长期加工短工件或承受过分集中的负荷，使导轨局部磨损严重	注意合理分布短工件的装夹位置，避免负荷过分集中
		导轨润滑不良	调整导轨润滑油量，保证润滑油压力
		导轨材质不佳	采用电镀加热自冷淬火对导轨进行处理，导轨上增加锌铝铜合金板，以改善摩擦情况
		刮研质量不符合要求	提高刮研修复的质量
		机床维护不良，导轨里落入污物	加强机床保养，保护好导轨的防护装置
2	导轨上移动部件运动不良或不能移动	导轨面研伤	用180号砂布修磨机床导轨面上的研伤
		导轨压板研伤	卸下压板，调整压板与导轨间隙
		导轨镶条与导轨间隙太小，调得太紧	松开镶条防松螺钉，调整镶条螺栓，使运动部件运动灵活，保证0.03mm的塞尺不得塞入，然后锁紧防松螺钉

续表

故障部位	故障现象	故障原因	排除方法
3	加工面在接刀处不平	导轨直线度超差	调整或修刮导轨，允差误差0.015mm/500mm
		工作台镶条松动或镶条弯度太大	调整镶条间隙，镶条弯度
		机床水平度差，使导轨发生弯曲	调整机床安装水平度。保证平行度、垂直度在0.02mm/1000mm之内

（五）直流主轴伺服系统的安装与故障诊断

安装注意事项

①伺服单元应置于密封的电控柜内，为了不使电控柜内温度过高，应将电控柜内部的温升设计在15℃以下；电控柜的外部空气引入口务必设置过滤器；要注意不要从排气口侵入尘埃或烟雾；要注意电缆出入口和门等的密封；冷却风扇的风不要直接吹向伺服单元，以免尘埃等附着在伺服单元上。

②安装伺服单元时要考虑到容易维修检查和拆卸。

③电动机的安装要遵守下列原则：

a. 电动机应安装在灰尘少、湿度不高的场所，环境温度应在40℃以下。

b. 安装面要平，且有足够的刚度，要考虑到不会受电动机振动等影响。

c. 出入电动机冷却风口的空气要充分，安装位置要尽可能使冷却部分的检修清洁工作容易进行。

d. 电动机应安装在切削液和油等不能直接溅到的位置上。

e. 因为电刷需要定期维修及更换，因此，安装位置应尽可能使检修作业容易进行。

（六）机床启、停运动故障

1. 主轴不能启动

主轴启动运转的必备条件是：PLC 和 CNC 系统正常，机床准备信号 MRDY1 与 MRDY2 必须接通。MRDY1 与 MRDY2 接通必须具备以下两个条件：一个是 PLC 输出至机床的不同信号分别控制启动信号接通和变频器接通，另一个是机床电源开关的辅助触点接通。当出现主轴不能启动时，应按照启动主轴的必备条件一一检测，排除疑点，直至找出真正的故障原因。此外，还可能是由干扰信号引起，或插头接触不良、电缆有问题，或电缆屏蔽线虚焊等原因都可能导致启动故障。

2. 机床启动后出现失控现象

数控系统接通后进入准备状态，无任何报警产生，屏幕显示也正常，各种操作开关、按钮也起作用，但是各种功能均处于不正常状态。如可以点动快移，但快移开关不起作用；循环启动按钮有效，但进给率不正常等。机床启动后，运行速度及方向失去控制，直至出现超程报警，这种情况常称为失控现象。机床失控现象常出现在机床安装调试或大修后，也可能在系统运行中突然出现。实际操作中，应针对不同情况查找原因。在安装调试后或大修后出现机床失控现象的可能原因有：从位置或速度检测出来的信号不正常，其中，最大可能是机床数据设定错误，造成位置控制环路将负反馈接成正反馈，或电动机和位置检测器之间的连接异常，此时可以通过观察位置偏差的诊断号（如 DNG3000）的值来确认。

若机床在运行中突然出现失控而停止运行，一般是由于信号反馈线因机床移动而被拉断，或数控系统的主控板及进给伺服单元的故障所致，如伺服电动机内检测元件的反馈信号接反，或元件本身有故障。

还有可能是这样一些原因：数控系统的故障，CNC 装置输至驱动单元的指令或极性有错误，相关参数设定的不匹配，或参数设置错误等。排除这类故障的方法是进行全机清零，然后重新输入正常的参数，系统就会进入正常状态。

3. 机床不能动作，出现“死机”

屏幕无显示而且机床不能动作，这类故障的最大可能原因是主控制电路板或存储系统控制软件的 ROM 板不良。另外，从数控系统方面分析机床不能动作的原因，一般有两种情况：一是系统处于不正常状态，如系统处于报警状态。或处于紧急停止状态，或是数控系统的复位按钮处于被接通的状态；二是设定错误，如将进给速度设定为零值，或将机床设定为锁住状态。此时如果运行程序，虽然在 CRT 会显示有位置变化。但机床却不能运动。

例 6-3　某数控铣床，在 Y 轴进行返回参考点操作时，快速寻找参考点，但找不到，而是以低速移动。

根据故障现象，首先检测伺服系统和测量系统，经检查均正常。数控系统返回参考点指令也正确。通过观察接口指示，可见减速开关信号也正常。用显示器检查 B 轴测量系统所用的脉冲编码器信号，发现无零标志信号输出。由此可以确认故障是由于脉冲编码器零标志脉冲丢失所致。拆开脉冲编码器检查。发现油污染严重，用无水酒精清洗脉冲编码器后，重新装机试车，机床恢复正常工作。

三、数控机床的参数故障及其诊断

数控机床在使用过程中，在一些情况下会出现使数控机床参数全部丢失或个别参数改变的现象，主要原因如下：

（1）数控系统后备电池失效。后备电池失效将导致全部参数丢失。因此，在机床正常工作时应注意是否显示有电池电压低的报警。如发现报警，应在一周内更换符合系统生产厂要求的电池。更换电池的操作步骤应严格按系统生产厂的要求操作。如果机床长期停用，最容易出现后备电池失效的现象。因此，应定期为机床通电，使机床空运行一段时间。这样不但有利于后备电池使用寿命的延长和及时发现后备电池是否失效，更重要的是对机床数控系统、机械系统等整个系统使用寿命的延长有很大益处。

（2）操作者的误操作。误操作在初次接触数控机床的操作者中是经常出现的问题。由于误操作，有的将全部参数清除，有的将个别参数改变。为避免出现这类情况，应对操作者加强上岗前的业务技术培训及经常性的业务培训，制定可行的操作章程并严格执行。

（3）机床在 DNC 状态下加工工件或进行数据通信过程中电网瞬间停电。

由上述原因可以看出，数控机床参数的改变或丢失，有的是可以通过采取措施减少或杜绝的，有些则是无法避免的。当参数改变或机床异常时，首先要进行的工作就是对数控机床参数的检查和恢复。由于数控机床所配用的数控系统种类繁多，参数重装的操作步骤也因系统而异，就是同一厂家的产品，也因系列不同而有所差别。

四、数控机床 PLC 控制的故障诊断

（一）PLC 故障的表现形式

当数控机床出现有关 PLC 方面的故障时，一般有三种表现形式：①故障可通过 CNC 报警直接找到故障的原因；②故障虽有 CNC 故障显示，但不能反映故障的真正原因；③故障没有任何提示。对于后两种情况，可以利用数控系统的自诊断功能，根据 PLC 的梯形图和输入/输出状态信息来分析和判断故障的原因，这种方法是解决数控机床外围故障的基本方法。

（二）数控机床 PLC 故障诊断的方法

1. 根据报警号诊断故障

现代数控系统具有丰富的自诊断功能，能在 CRT 上显示故

障报警信息，为用户提供各种机床状态信息，充分利用 CNC 系统提供的这些状态信息，就能迅速准确地查明和排除故障。

例 6－4　某数控机床的换刀系统在执行换刀指令时不动作，机械臂停在行程中间位置上，CRT 显示报警号，查手册得知该报警号表示：换刀系统机械臂位置检测开关信号为“0”及“刀库换刀位置错误”。

根据报警内容，可诊断故障发生在换刀装置和刀库两部分，由于相应的位置检测开关无信号送至 PLC 的输入接口，从而导致机床换刀中断。造成开关无信号输出的原因有两个：一是由于液压或机械上的原因造成动作不到位而使开关得不到感应；二是电感式接近开关失灵。

首先检查刀库中的接近开关，用一薄铁片去接近感应开关，以排除刀库部分接近开关失灵的可能性；接着检查换刀装置机械臂中的两个接近开关，一个是“臂移出”开关 SQ21，另一个是“臂缩回”开关 SQ22。由于机械臂停在行程中间位置上，这两个开关输出信号均为“0”，经测试，两个开关均正常。

机械装置检查：“臂缩回”的动作是由电磁阀 YV21 控制的，手动电磁阀 YV21，把机械臂退回至“臂缩回”位置，机床恢复正常，这说明手控电磁阀能使换刀装置定位，从而排除了液压或机械上阻滞造成换刀系统不到位的可能性。

由以上分析可知，PLC 的输入信号正常，输出动作执行无误，问题在 PLC 内部或操作不当。经操作观察，两次换刀时间的间隔小于 PLC 所规定的要求，从而造成 PLC 程序执行错误引起故障。

对于只有报警号而无报警信息的报警，必须检查数据位，并与正常情况下的数据相比较，明确该数据位所表示的含义，以采取相应的措施。

2. 根据动作顺序诊断故障

数控机床上刀具及托盘装置的自动交换动作都是按照一定的

顺序来完成的，因此，观察机械装置的运动过程，比较正常和故障时的情况，就可发现疑点，诊断出故障的原因。

例 6－5　图 6－10 为某立式加工中心自动换刀控制示意图。

故障现象：换刀臂平移至 C 时，无拔刀动作。

ATC 动作的起始状态是：

①主轴保持要交换的原刀具。

②换刀臂在 B 位置。

③换刀臂在上部位置。

④刀库已将要交换的新刀具定位。

自动换刀的顺序为：换刀臂左移（B→A）→换刀臂下降（从刀库拔刀）→换刀臂右移（A→B）→换刀臂上升→换刀臂右移（B→C，抓住主轴中刀具）→主轴液压缸下降（松刀）→换刀臂下降（从主轴拔刀）→换刀臂旋转 180°（两刀具交换位置）→换刀臂上升（装刀）→主轴液压缸上升（抓刀）→换刀臂左移（C→B）→刀库转动（找出原刀具位置）→换刀臂左移（B→A，返回原刀具给刀库）→换刀臂右移（A→B）→刀库转动（找下把刀具）。

换刀臂平移至 C 位置时，无拔刀动作，分析原因，有几种可能：

a. SQ2 无信号，使松刀电磁阀 YV2 未激磁，主轴仍处抓刀状态，换刀臂不能下移。

b. 松刀接近开关 SQ4 无信号，则换刀臂升降电磁阀 YV1 状态不变，换刀臂不下降。

c. 电磁阀有故障，给予信号也不能动作。

逐步检查，发现 SQ4 未发信号，进一步对 SQ4 检查，发现感应间隙过大，导致接近开关无信号输出，产生动作障碍。图 6－10为自动换刀控制示意图。

3. 根据控制对象的工作原理诊断故障

数控机床的 PLC 程序是按照控制对象的工作原理来设计的，通过对控制对象工作原理的分析，结合 PLC 的 I/O 状态是故障诊断很有效的方法。

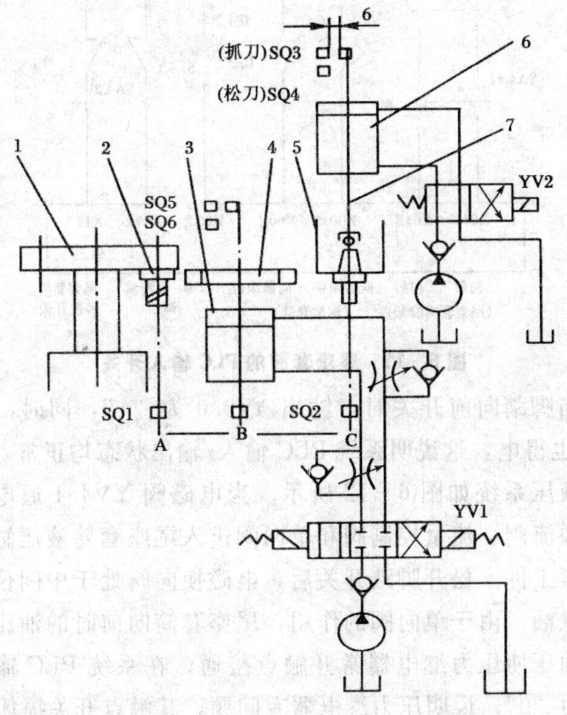

1—刀库　2—刀具　3—换刀臂升降油缸　4—换刀臂　5—主轴
6—主轴油缸　7—拉杆

图 6-10　自动换刀控制示意图

例 6-6　配备 FANUC　OT 系统的某数控车床，其尾座套筒的 PLC 输入开关如图 6-11 所示。

故障现象：当脚踏尾座开关使套筒顶尖顶紧工件时，系统产生报警。

在系统诊断状态下，调出 PLC 输入信号，发现脚踏向前开关输入 X04.2 为“1”，尾座套筒转换开关输入 X17.3 为“1”，润滑油供给正常使液压开关输入 X17.6 为“1”。调出 PLC 输入

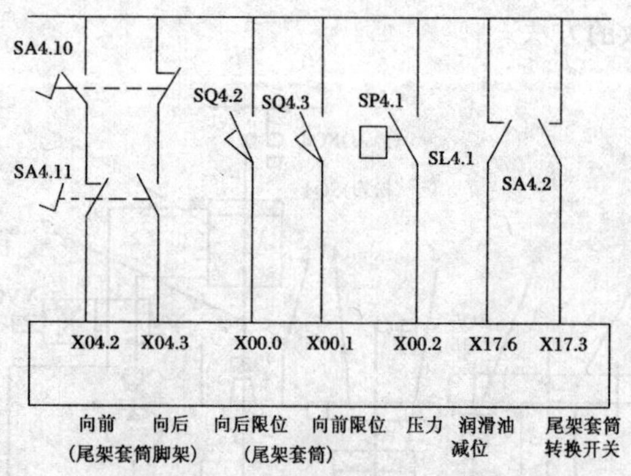

图 6-11 尾座套筒的 PLC 输入开关

信号，当脚踏向前开关时，输出 Y49.0 为“1”，同时，电磁阀 YV4.1 也得电，这说明系统 PLC 输入/输出状态均正常，分析尾座套筒液压系统如图 6-12 所示。当电磁阀 YV4.1 通电后，液压油经溢流阀、流量控制阀和单向阀进入尾座套筒液压缸，使其向前顶紧工件。松开脚踏开关后，电磁换向阀处于中间位置，油路停止供油，由于单向阀的作用，尾座套筒向前时的油压得到保持，该油压使压力继电器常开触点接通，在系统 PLC 输入信号 X0.02 为“0”，说明压力继电器有问题，其触点开关损坏。

故障原因：因压力继电器 SP4.1 触点开关损坏，油压信号无法接通，从而造成 PLC 输入信号为“0”，故系统认为尾座套筒未顶紧而产生报警。图 6-12 为尾座套筒液压系。

解决方法：更换新的压力继电器，调整触点压力，使其在向前脚踏开关动作后接通并保持到压力取消，故障排除。

4. 根据 PLC 的 I/O 状态诊断故障

在数控机床中，输入/输出信号的传递，一般都要通过 PLC 的 I/O 接口来实现，因此，许多故障都会在 PLC 的 I/O 接口这个通道上反映出来。数控机床的这种特点为故障诊断提供了方便，只要不是数控系统硬件故障，可以不必查看梯形图和有关电路图，直接通过查询 PLC 的 I/O 接口状态，找出故障原因。这里的关键是要熟悉有关控制对象的 PLC 的I/O接口的通常状态和故障状态。

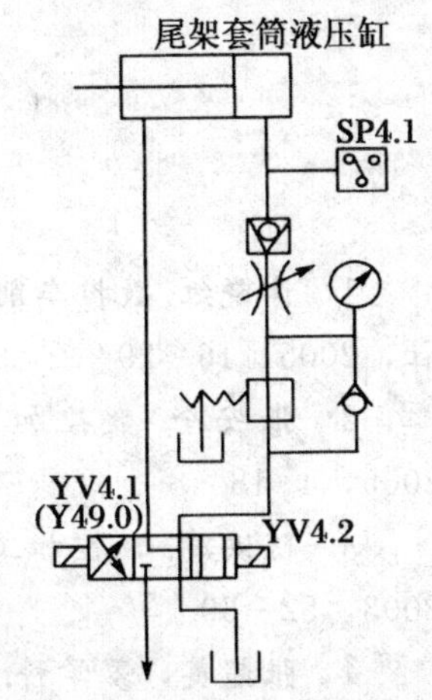

图 6－12 尾座套筒液压系

5. 通过 PLC 梯形图诊断故障

根据 PLC 的梯形图来分析和诊断故障是解决数控机床外周故障的基本方法。用这种方法诊断机床故障首先应搞清机床的工作原理、动作顺序和连锁关系，然后利用 CNC 系统的自诊断功能或通过机外编程器，根据 PLC 梯形图查看相关的输入/输出及标志位的状态，从而确认故障的原因。

综上所述，PLC 故障诊断的关键是：

①了解数控机床各组成部分检测开关的安装位置，如加工中心的刀库、机械手和回转工作台，数控车床的旋转刀架和尾架，机床气、液压系统中的限位开关、接近开关和压力开关等，弄清检测开关作为 PLC 输入信号的标志。

②了解执行机构的动作顺序，如液压缸、气缸的电磁换向阀等，弄清对应的 PLC 输出信号标志。

③了解各种条件标志，如起动、停止、限位、夹紧和放松等标志信号。

④使用编程器跟踪梯形图的动态变化，搞清故障的原因，根据机床的工作原理作出诊断。

总之，作为用户来讲，要注意资料的保存，作好故障现象及诊断的记录，为以后的故障诊断提供数据，提高故障诊断的效率。当然，故障诊断的方法不是单一的，有时要用几种方法综合诊断，以得到正确的诊断结果。

参考文献

1 谢晓红. 数控车削编程与加工技术. 北京：电子工业出版社，2005，16－29

2 张安全. 数控加工与编程. 北京：中国轻工业出版社，2005，4－18

3 陈洪涛. 数控加工工艺与编程. 北京：高等教育出版社，2003，52－60

4 张超英，罗学科. 数控机床加工工艺编程及操作实训. 北京:高等教育出版社，2003，37－40

5 裴炳文. 数控加工工艺与编程. 北京：机械工业出版社，2005，56－67

6 蔡兰，王宵. 数控加工工艺学. 北京：化学工业出版社，2005，198－204